USANCEN UND PARITÄTEN

DES

GETREIDEHANDELS

IM

WELTVERKEHRE.

VON

DR. RUDOLF SONNDORFER,
DIRECTOR DER WIENER HANDELS-ACADEMIE.

ZWEITE, VERMEHRTE UND VERBESSERTE AUFLAGE.

AUSGABE FÜR DEUTSCHLAND.

BERLIN 1882.

VERLAG VON JULIUS SPRINGER.

ISBN-13: 978-3-642-98212-5 e-ISBN-13: 978-3-642-99023-6
DOI: 10.1007/978-3-642-99023-6

Softcover reprint of the hardcover 2nd edition 1882

Vorwort.

Als ich vor zwei Jahren die erste Auflage dieses Buches der Oeffentlichkeit übergab, ersuchte ich jene Kreise, für die dasselbe bestimmt war, Wünsche, welche sich bei der praktischen Benutzung dieses Taschenbuches ergeben sollten, sowie etwaige ergänzende Daten mir gefälligst mitzutheilen, damit ich bei einer neuen Ausgabe denselben möglichst Rechnung tragen könne.

Mit Genugthuung constatire ich, dass mir in Folge dessen eine Reihe sehr wertvoller Mittheilungen nicht nur aus Deutschland und Oesterreich-Ungarn, sondern auch aus Belgien, der Schweiz, aus Frankreich und Russland zugekommen sind, welche mir den Beweis liefern, dass dieses Taschenbuch, wie dies bereits auch von der gesammten Presse hervorgehoben wurde, wirklich einem Bedürfnisse im internationalen Getreidehandel abzuhelfen berufen ist und dass es sich sofort eine grosse Zahl von Freunden erwarb.

Diese wertvollen Mittheilungen sowie eine Fülle neuen Materiales, das ich mir mittlerweile verschaffte, bestimmten mich, mit der Herausgabe einer neuen Auflage nicht länger zu zögern, obwohl ich dadurch meine Arbeit über den Artikel „Zucker" unterbrechen musste, und so übergebe ich denn heute dieses Taschenbuch den betheiligten Kreisen, erweitert und möglichst vervollkommnet, neuerdings. Schon der Umstand, dass das Buch trotz alles Zusammendrängens und der Ausscheidung des minder Wichtigen fast um die Hälfte stärker geworden ist, beweist wieviel neue Daten aufgenommen wurden. Speciell hervorheben aber will ich, dass folgende Partien in dieser neuen Auflage zum erstenmale erscheinen:

a) die Usancen des Mehlhandels im internationalen Verkehr;

b) die Daten über den Getreidehandel in Algier, Griechenland, Portugal und der argentinischen Republik in Süd-Amerika;

c) die Ein- und Ausfuhrzölle für Getreide und Mehl in sämmtlichen Staaten;

d) die Paritätstabellen für die Mehl-Notirungen in New-York, London und Paris, dann für die Mais-Notirung in New-York und für Weizen pro 492 Pfund engl. in London.

Vollständig neu bearbeitet wurde das Kapitel über den Getreide- und Mehlhandel in den Vereinigten Staaten und das Kapitel über die Frachtsätze im Getreidehandel. Ersteres wurde erweitert durch eine Uebersicht über die Hauptplätze und Hauptrouten im Innern des Landes und durch eine detaillirte Mittheilung über die Classificirung oder Gradirung des Getreides. Das Kapitel über die Frachtsätze im Getreidehandel hingegen dürfte jetzt mit einer solchen Vollständigkeit gegeben sein, dass der Exporteur über jede hierauf bezügliche Frage eine befriedigende Auskunft erhält. Besonders detaillirt und durch Beispiele erläutert habe ich die ziemlich schwierigen Frachtberechnungen bei See-Transporten. Einen eigenen Abschnitt widmete ich diesmal den Eisenbahn-, Canal- und Ocean-Frachten in den Vereinigten Staaten, worüber mir ein ausgezeichnetes Material zur Verfügung stand. Zwei neue Frachten-Paritäts-Tabellen dürften den Exporteuren und Transportgesellschaften besonders willkommen sein.

Aus diesen kurzen Andeutungen werden die p. t. Leser entnehmen, dass ein vollständig neues Buch vor ihnen liegt, von welchem ich nur wünschen kann, dass es sich der gleichen freundlichen Aufnahme erfreue, wie die erste Auflage.

Schliesslich sage ich allen p. t. Firmen und Männern, welche mir so wertvolle Mittheilungen zukommen liessen, im Interesse des internationalen Verkehrs, an dessen Ausbreitung und Vervollkommnung wir alle gemeinsam arbeiten, meinen besten Dank und bitte dieselben, sowie alle übrigen Leser auch fernerhin auf die jeweiligen Aenderungen und Neuerungen mich aufmerksam zu machen, denn die grösste Schwierigkeit besteht darin, ein solch' riesiges Material immer im Laufenden zu erhalten. Speciellen Dank schulde ich jedoch dem handelspolitischen und dem Consular-Departement des k. u. k. österr.-ungar. Ministeriums des Aeusseren in Wien, welche mich fortgesetzt in entgegenkommendster und lieberalster Weise bei meinen Arbeiten auf dem Gebiete des internationalen Handels unterstützen.

Wien, am 1. Juli 1882.

Dr. R. Sonndorfer,
Director der Wiener Handelsacademie.

Inhalts-Verzeichnis.

Berichtigungen.

Seite 22 lies bei Hamburg:

Roggen 116/117 (68·4/69·0 Kilogr. pro Hectoliter).

§. 11 der Getreidehandels-Usancen lautet:

Weizen bez. Roggen, welcher bei der Kündigung das gekaufte holländische Gewicht gewogen hat, muss bei der Ablieferung auch empfangen, resp. geliefert werden, wenn er bis **1 ℔** holl. Untergewicht gibt, und wird in diesem Falle für je $^1/_2$ ℔ holl. 50 Pfennige vergütet. Ist das Untergewicht grösser, so steht es in der Wahl des Käufers, mit einer von der Sachverständigen-Commission ausgesprochenen Vergütung zu empfangen oder aufzuschiessen. Wird aufgeschossen, so gilt die Kündigung als nicht geschehen.

Seite 41: Einfuhrzoll in Russland. Dieser wurde mit 1./13. Juli 1882 für Mehl, Malz und Grütze jeder Art erhöht auf 10 Kopeken pro Pud Brutto, dagegen der 10procentige Zuschlag aufgehoben.

Seite 82 und 83. Der dort in Aussicht gestellte Ausnahme-Tarif für den Getreide-Verkehr Galizien-Württemberg-Baden-Pfalz- und Elsass-Lothringen ist nun, giltig ab 10. August 1882, erschienen. Da in der definitiven Ausgabe einige Positionen geändert wurden, so theilen wir die pag. 82 zusammengestellte Tabelle, genau rectificirt, hier nochmals mit. Dieselbe lautet:

Frachtsätze pro 100 Kilogramm in Mark.

Nach oder **von**	**Von** oder **nach**					
	Podwoloczyska	Brody	Tarnopol	Czernowitz	Krakau	Lagerhaus der Stadt Wien
Stationen der Württembergischen Staats-Eisenbahnen.						
Heilbronn	6·24	5·92	6·07	6·47	4·59	3·074
Jagstfeld	6·29	5·97	6·12	6·52	4·64	3·124
Mengen	5·67	5·38	5·52	5·89	4·41	2·894
Stuttgart	6·12	5·80	5·95	6·35	4·47	2·954
Tübingen	6·10	5·81	5·95	6·32	4·59	3·074
Stationen der Badischen Staats-Eisenbahnen.						
Freiburg	6.25	5·96	6·10	6·47	5·28	3·994
Kehl	6.22	5·93	6·07	6·44	5·24	3·724
Müllheim	6.12	5·83	5·97	6·34	5·15	3·864
Stationen der Eisenbahnen in Elsass-Lothringen.						
Avricourt	6·75	6·46	6·60	6·97	5·68	4·174
Metz	7·03	6·74	6·88	7·25	5·94	4·394
Mülhausen i. E.....	6·19	5·90	6·04	6·41	5·22	3·744
Strassburg	6·34	6·05	6·19	6·56	5·30	3·804

Für diesen Verkehr kann in folgenden Stationen bez. Lagerhäusern reexpedirt werden: Czernowitz, Lemberg, Krakau, Wien (Nordbahnhof), Lagermagazin der Westbahn (Rangirbahnhof) bez. Nordbahnhof, Lagerhäuser in Prag (Staatsbahn, Buschtehraderbahn, Anglobank), Lagerhäuser in München (Ostbahnhof, C. Schmederer, bayrische Hypothekenbank und städtisches Lagerhaus).

Die Reexpeditionsfrist ist in Czernowitz, Lemberg, Krakau und Wien (Nordbahnhof) je 15 Tage, in den Lagerhäusern 6 Monate.

I. Hohlmaasse und Gewichte
im Getreidehandel.

Basis: das metrische System.

Das Hectoliter = 100 Liter[1]) = 2 Neuscheffel (Preussen). Das Kilogramm[2]) = 1000 Gramm = 2 deutsche Pfunde (früher Zollpfund). Der metrische Centner (Meter-Centner) = 100 Kilogramm. Die metrische Tonne = 1000 Kilogramm.

A. Länder mit regelmässigem Export[3]).

1. **Vereinigte Staaten von Nordamerika.** Das Bushel (Winchester Bushel), altes englisches Hohlmaass, = 35·238 Liter. Man rechnet usancemässig 33 Winchester Bushels = 32 Imperial-Bushels (neues englisches Hohlmaass). Das amerikanische Handelspfund = dem englischen Handelspfunde (Imperial Pound Avoirdupois) = 453·6 Gramm. Der Centner wird nicht wie in England zu 112 Pfund, sondern grösstentheils = 100 Pfund gerechnet, so in New-York, Massachusetts, Connecticut, Texas, Californien u. m. a. Dieser 100pfündige Centner heisst Cental.

2. **Russland.** Der Tschetwert = 8 Tschetwerik = 2·0991 Hectoliter. Das russische Handelspfund = 409·51 Gramm. Das Pud = 40 Pfunde = 16·38 Kilogramm, wird usancemässig = 33 deutschen Pfunden = 36 englischen Pfunden gerechnet. 62 Pud usancemässig = der englischen Gewichtstonne; 61 Pud usancemässig = der metrischen Tonne. Der Berkowetz (Schiffspfund) = 10 Pud.

3. **Oesterreich-Ungarn.** Seit 1. Jänner 1876 metrisches System. Früher der Wiener Metzen = 61·487 Liter, in Triest der Stajo (von Venedig)

---

[1]) 1 Liter = 1 Cubik-Decimeter.

[2]) 1 Kilogramm = dem Gewichte eines Cubik-Decimeters destillirten Wassers im luftleeren Raume bei der Temperatur von + 4° Celsius.

[3]) Geordnet nach Prof. Dr. v. Neumann-Spallart's ‚Uebersichten, 1880.

= 82·6 Liter und in Ungarn der Pressburger Metzen = 62·48 Liter. Das Wiener Pfund = 560·06 Gramm. Der Wiener Centner = 100 Wiener Pfund = 56 Kilogramm. Im Grosshandel auch der Zoll-Centner = 100 Zollpfund = 50 Kilogramm.

4. Untere Donau-Länder.

a) Die europäische Türkei, inclusive Bulgarien. Das Kilé (Chilo) von Konstantinopel = 36·11 [1]) Liter. Das Kilé von Salonichi = 4 Kilé von Konstantinopel. In Adrianopel und Rustzuk wird das Kilé von Konstantinopel benützt. Das Kilé von Rahowa = 3 Kilé von Konstantinopel.

b) Rumänien. In der Walachei das walachische oder Braila'er Kilé (Chilo, Kila) = 6·75 Hectoliter (nach den Triester Usancen 6·67 Hectoliter). 1 Kilé von Braila = 19 Kilé von Konstantinopel. In der Moldau das moldauische oder Galatz'er Kilé (Kila) = 4·16 Hectoliter [2]). Usancemässig rechnet man 2 Kilé von Braila = 3 Kilé von Galatz.

c) Serbien. Die türkischen Hohlmaasse.

Als Gewicht benützt man in allen „unteren Donauländern“ die türkische Oka = 1·282 Kilogramm.

Usancemässig rechnet man:

in Galatz	78	Oka	= 100 Kilogramm,
„ Jassy	78½	„	= 100 „
„ Konstantinopel	44	„	= 56 „
			= 100 Wiener Pfund.

Im Verkehre mit Russland 100 Oka = 8 Pud.

Das metrische Maass- und Gewichts-System ist in der Türkei, in Rumänien und in Serbien bereits officiell eingeführt. Im Getreidehandel wird

---

1) Nach den neuesten Consular-Berichten und übereinstimmend mit den Triester Usancen.

2) 1 Kilé (Kila) von Galatz = 2 Merzas oder Mirzas = 20 Dimerli (oder Demerlie oder auch Banitze genannt).

In Jassy hat das Kilé (Kila) = 22 Dimerli oder Banitze; es ist daher = 4·57 Hectoliter. In Bessarabien ist das Kilé = 5·20 Hectoliter.

In Galatz rechnet man:

100 Galatzer Kilé	= 90·91	Kilé von	Jassy,
	= 80·00	„ „	Bessarabien,
	= 61·64	„ „	Braila.

Das Getreide wird fast ausnahmslos per Dimerli oder Banitze zugemessen.

aber das metrische Hohlmaass noch nirgends angewendet; nur das metrische Gewicht fängt an sich hie und da Bahn zu brechen, so z. B. in Galatz, wo man in neuester Zeit statt der Oka das Kilogramm benützt.

5. **Britisch-Ostindien.** Das einheimische Getreidemaass war ursprünglich auch ein Hohlmaass, ging aber allmälig in einen Gewichtsbegriff über. Es ist das Maund und variirt nach den einzelnen Districten ziemlich bedeutend. Das gesetzliche Maass ist das Bazar-Maund, welches nach dem britisch-ostindischen Normalgewichte (Standard Weight) = 82·125 englischen Pfunden = 37·252 Kilogramm gerechnet wird.

Für den Export gebraucht man häufig die englischen Maasse und Gewichte.

6. **Dänemark.** Die Korntonne (Korntönde) = 1·3912 Hectoliter. Die Last = 12 Tonnen. Das Handelsgewicht ist das dänische Pfund (Pund) = dem deutschen Pfunde = 500 Gramm. 1 Centner = 100 Pfund. Die Commerzlast (Commercelaest) = 5200 Pfund.

Die Einführung des metrischen Systems steht in nächster Aussicht.

7. **Algerien** (französische Colonie in Nordafrika, Hauptstadt Algier) hat gesetzlich das metrische System. In der Provinz Konstantine häufig noch das alte Getreidemaass, der Saáh = 160 Liter (Marseiller Charge).

8. **Australien** (Victoria, Neu-Seeland, Süd-Australien, Süd-Wales, Tasmanien). Das Imperial-Bushel (englisches Hohlmaass) = 36·35 Liter. Das englische Handelsgewicht (Avoirdupois-Gewicht).

9. **Aegypten.** Der Ardeb (Hohlmaass) hat je nach dem Handelsplatze eine verschiedene Grösse. Beim Getreide-Export wird nach dem Ardeb von Kairo = 183·48 Liter (nach den Triester Usancen 183·33 Liter) gerechnet. Als Gewicht benützt man im Getreidehandel die Oka = 1·235 Kilogramm und den Cantár (Centner) zu 36 Oken oder 100 Rottel (Rottoli) = 44·5 Kilogramm [1]).

10. **Spanien.** Gesetzlich das metrische System. Bis zur Stunde werden jedoch im Getreide- und Mehlhandel noch die alten Maasse und Gewichte

[1]) Der Cantár variirt von 36 bis 100 Oken bei den einzelnen Handelsartikeln. 1 Rottoli oder Pfund = 445 Gramm.

benutzt. Diese sind: die Fanega = 55·5 Liter (nach den Triester Usancen nur 54·17 Liter) und die Cuartera = 70 Liter; letztere namentlich in Barcelona in Anwendung. Der Quintal (Centner) = 4 Arrobas = 100 Libras (Pfunde) = 46·01 Kilogramm. Die Tonelada (Schiffslast) = 2000 Libras = 920·2 Kilogramm. In Catalonien mit dem Hauptplatze Barcelona wird auch noch häufig der Quintal catalan = 104 Libras à 400 Gramm = 41·6 Kilogramm angewendet.

11. **Canada** (Britisch-Nordamerika). Gesetzlich das alte englische Bushel (siehe sub 1, Vereinigte Staaten). In Unter-Canada jedoch häufig das alte Pariser Minot = 39·025 Liter. Usancemässig 90 Minots = 100 Winchester Bushels. Gewicht das englische.

12. **Chile** (südamerikanische Republik). Gesetzlich das metrische System. Im Handel hingegen häufig noch die Fanega, die man in Valparaiso zu 90·75 und in Concepcion zu 106 Liter rechnet. In neuester Zeit nennt man das Hectoliter kurzweg Fanega und benutzt es als solches. Die Libra (das castillische Pfund) = 460 Gramm.

13. **Tunis.** Der Kafis (Cahiz) = 640 Liter = 4 Marseiller Charges (nach deutschen Consulatsberichten). Der Rottel (Pfund) hat verschiedene Grösse; der im Getreidehandel verwendete ist = 568·4 Gramm.

14. **Argentinische Republik** (südamerikanischer Freistaat, mit dem Haupthandelsplatz Buenos Aires). Seit 1. Jänner 1879 soll nur das metrische System angewendet werden; doch werden heute noch häufig die alten Maasse und Gewichte gebraucht, nämlich die Fanega = 4 Cuartillas = 137·2 Liter und die Libra (Pfund) = 459·4 Gramm. Der Quintal = 4 Arrobas à 25 Libras wird in der Praxis = 46 Kilogramm gerechnet, genau übereinstimmend mit dem spanisch-castillischen Quintal.

B. Länder mit regelmässigem Import.

1. **Grossbritannien und Irland.** Das Imperial-Quarter = 8 Bushels = 2·9078 Hectoliter; das Bushel = 36·35 Liter. Das englische Handelspfund (Imperial Pound Avoirdupois) = 453·6 Gramm. Das Hundredweight (cwt., engli-

scher Centner) = 4 Quarters (Viertel) à 28 Pfunde, also = 112 Pfunde = 50·8 Kilogramm. Das Ton weight (die Gewichtstonne) = 20 Cwt. = 2240 Pfunde = 1016 Kilogramm. Das Cwt. wird nach den Triester Usancen zu $50^3/_4$, nach den Stettiner Usancen zu 51 und nach den nordamerikanischen Usancen zu 50 Kilogramm gerechnet.

2. **Frankreich.** Hectoliter und Kilogramm. In Marseille die Getreide-Charge = 160 Liter.

3. **Deutschland.** Hectoliter, Neuscheffel zu 50 Liter und Liter. Der Centner = 100 deutsche Pfunde = 50 Kilogramm. Die Tonne = 2000 deutsche Pfunde = 1000 Kilogramm.

Zur Bestimmung der Qualität des Getreides benützen Bremen, Hamburg und die Ostseeplätze den „alten Amsterdamer Zak" = 83·44 Liter und das alte Troypfund = 492·17 Gramm.

4. **Belgien.** Hectoliter und Kilogramm.

5. Die **Schweiz.** Hectoliter und Kilogramm.

6. **Niederlande** (Holland). Das Hectoliter (holländisch Mud); früher auch noch die Last = 30 Mud. Das Kilogramm (holländisch Pond). Die Tonne = 1000 Kilogramm.

7. **Italien.** Das metrische System. Das Hectoliter (italienisch Ettolitro). Das Kilogramm (italienisch Chilogramma), der metrische Centner (italienisch Quintale metrico) und die metrische Tonne (italienisch Tonnelata metrica).

8. **Schweden und Norwegen.**

a) Schweden. Die Getreidetonne (Tunna) = 1·649 Hectoliter. Seit 1. Jänner 1859 jedoch gesetzlich der Cubikfuss = 26·173 Liter (63 Cubikfuss = 10 Tonnen). Das Schalpfund (Skalpund) = 425·1 Gramm; der Centner = 100 Pfund; die Neulast (Nyläst) = 100 Centner.

b) Norwegen (die alten dänischen). Die Getreidetonne (Korntönde) = 1·3912 Hectoliter. Die Last = 12 Tonnen. Das Pfund (Pund) = 498·4 Gramm, also sehr nahe gleich dem deutschen Pfunde = $^1/_2$ Kilogramm. Eine Gewichtstonne = $^1/_2$ Commerzlast (siehe Dänemark, sub 6 Exportländer).

In Schweden und Norwegen ist die Einführung des metrischen Systems bereits beschlossen und wird mit dem Jahre 1883 obligatorisch in Kraft treten.

9. **Portugal.** Gesetzlich das metrische System. Ausserdem noch hier und da die früheren Maasse und Gewichte. Diese sind: die Alqueire = 13·84 Liter, die Fanga (Fanega) = 4 Alqueires = 55·36 Liter und der Quintal (Centner) = 4 Arrobas à 32 Arratel (Pfund) = 58·75 Kilogramm. Die Arroba = 14·7 Kilogramm und der Arratel (Pfund) = 459 Gramm.

10. **Griechenland.** Das metrische System. Der königliche Kiló (Hectoliter) = 100 Litre (Liter). Der alte Getreide-Kiló (siehe Kilé untere Donauländer) ist = 35·27 Liter und wird fast ausschliesslich noch angewendet. Die Tonne = 1500 Kilogramm, die „Mna" = 1500 Gramm. Diese neuen Gewichte werden jedoch gar nicht angewendet, sondern das im Handel allgemein benuzte Gewicht ist die Oka = 1280 Gramm und der Kantar = 44 Oka = 56·32 Kilogramm.

Auf den jonischen Inseln sind gesetzlich die englischen Maasse und Gewichte im Gebrauche. Das Imperial-Bushel wird Chiló genannt.

Im Getreidehandel werden die Quantitäten haupsächlich angegeben: in Hectoliter, in Imperial-Quarters, in amerikanischen Bushels und in Tschetwerts.

Es ist daher nothwendig, Quantitäten, und zwar namentlich grosse, die in Imperial-Quarters, amerikanischen Bushels oder in Tschetwerts angeführt erscheinen, rasch in Hectoliter umsetzen zu können.

Dies ermöglichen die Tabellen pag. 100—102. Diese Tabellen sind so zusammengestellt, dass man Quantitäten bis 20 Millionen Maasseinheiten daraus entnehmen kann. Steht die umzurechnende Zahl nicht unmittelbar in der Tabelle, so braucht man nur eine Addition zu machen.

Z. B.: London, Getreidemarkt. Zufuhren: 38470 Quarters Weizen, gibt Tabelle pag. 102

30000	Quarters	=	87234	Hectoliter
8000	„	=	23263	„
470	„	=	1367	„
38470	Quarters	=	111864	Hectoliter.

Begnügt man sich mit einer geringeren Genauigkeit, so hat man aus Colonne 1 unmittelbar

Quarters	38000	=	110490	Hectoliter
„	470	=	1367	„
Quarters	38470	=	111857	Hectoliter.

Für Gewichtsreductionen dient die Tabelle pag. 103.

II. Ernte-Erträgnis
in quantitativer Beziehung.

Seit der Einführung der internationalen Saatenmärkte ist es von besonderer Wichtigkeit, die Ernte-Erträgnisse auch in quantitativer Beziehung vergleichen zu können.

Die Quantität wird fixirt, indem man angibt, wie viele Einheiten des üblichen Hohlmaasses auf einer Flächeneinheit des in dem betreffendcn Lande üblichen Maasses für Ackerland die Ernte ausmacht. Als Normalmaass zur Vergleichung wählen wir das metrische, also

Anzahl Hectoliter pro Hectar.

Wenn wir also sagen: in quantitativer Beziehung ist die Weizenernte 14·5, so heisst dies: das Erträgnis ist 14·5 Hectoliter pro Hectar.

Bei jenen Ländern, in welchen das metrische System noch nicht angewendet wird, werden wir überall jenen constanten Factor mittheilen, mit dem man die die Quantität ausdrückende Zahl multipliciren muss, um Hectoliter pro Hectar zu erhalten. Z. B.: In England sagt man das Erträgnis ist so und soviel Imperial-Quarters pro Acre of Land. Multiplicirt man die Anzahl Imperial-Quarters mit 7·186, so erhält man die entsprechende Anzahl Hectoliter pro Hectare.

A. Länder mit regelmässigem Export.

1. **Vereinigte Staaten.** Feldmaass: 1 Acre of Land = 0·4047 Hectaren.

Quantität: Anzahl amerikanischer Bushels pro Acre.

Umrechnungszahl: **0·871.**

Beispiel: Weizenernte in Nordamerika 18 Bushels pro Acre gibt 18 × 0·871 = 15·7 Hectoliter pro Hectar.

2. **Russland.** Feldmaass: 1 Dessatin = 2400 Quadrat-Saschén = 1·0925 Hectaren.

Quantität: Anzahl Tschetwert pro Dessatin.

Umrechnungszahl: **1·921.**

Beispiel: Weizenernte $7^3/_4$ Tschetwert, gibt 7·75 × 1·921 = 14·9 Hectoliter pro Hectar.

3. **Oesterreich-Ungarn.** Feldmaass: 1 Hectare. Quantität: Anzahl Hectoliter pro Hectar[1]).

---

[1]) Früher Wiener Metzen pro niederösterr. Joch. Umrechnungszahl hiefür: 1·0685.

4. Untere Donauländer.

a) Türkei. Feldmaass: das osmanische Joch (Donüm) = 0·0752 Hectaren.

Quantität: Anzahl Kilé von Konstantinopel pro Donüm.

Umrechnungszahl: **4·8.**

b) Rumänien. In der Moldau wird als Feldmaass gebraucht die Faltsch oder Fallsche = 1·41 Hectaren, in der Walachei hingegen der Pogon = 0·499 Hectaren.

Quantität: Anzahl Galatzer Kilé pro Faltscha oder Anzahl walachischer Kilé pro Pogon oder endlich Anzahl Oka pro Pogon.

Umrechnungszahlen: **3, 13·5, 0·033**[1]).

Beispiele: Ernte-Erträgnis in der Moldau 4 Galatzer Kilé pro Faltscha, gibt 3 × 4 = 12 Hectoliter pro Hectar.

Ernte-Erträgnis in der Walachei 1 walachisches Kilé pro Pogon, gibt 1 × 13·5 = 13·5 Hectoliter pro Hectar.

Klein-Rumänien (kleine Walachei). Weizen hat ein quantitatives Erträgnis von 300 Oka pro Pogon, was 75% einer Mittelernte entspricht.

300 Oka pro Pogon gibt 0·033 × 300 = 9·9 Hectoliter[1]) pro Hectar, mithin bei einer Mittelernte 9·9 + 3·3 = 13·2 Hectoliter pro Hectar.

c) Serbien. Feldmaass: das Lanatz = dem Wiener Joch = 0·5755 Hectaren.

Quantität: Anzahl Oka pro Lanatz.

Umrechnungszahl für Weizen: **0·029.**

5. **Britisch - Ostindien.** Die einheimischen Feld- und Getreidemaasse sind uns Europäern weniger geläufig.

Das quantitative Ernte-Erträgnis wird gewöhnlich nach englischen Maassen angegeben (siehe Grossbritannien pag. 9).

6. **Dänemark.** Feldmaass: Die Tonne Landes (Tönde Land) = 0·5516 Hectaren.

Quantität: Anzahl Getreidetonnen (Korntönden) pro Tonne Landes.

Umrechnungszahl: **2·5.**

7. **Algier.** Anzahl Hectoliter pro Hectar.

8. **Australien.** Das quantitative Ernte-Erträgnis wird wie in Grossbritannien bestimmt (siehe pag. 9).

---

[1]) 1 Hectoliter Weizen im Durchschnitt = 78 Kilogramm gerechnet.

9. **Aegypten.** Feldmaass: Der Feddán = 0·4459 Hectaren.

Quantität: Anzahl Ardeb pro Feddán.

Umrechnungszahl: **4.**

10. **Spanien.** Feldmaass: Die Mojada von Barcelona = 0·49 Hectaren und die Fanega de tierra von Madrid = 0·644 Hectaren.

Quantität: Anzahl Cuarteras per Mojada oder Anzahl Fanegas pro Fanega Land.

Umrechnungszahlen:

1·4 für Cuarteras.
0·9 für Fanegas.

In neuester Zeit schon auch: Anzahl Hectoliter pro Hectar.

11. **Canada.** (Britisch - Nordamerika). Das quantitative Ernte-Erträgnis wird wie in den vereinigten Staaten bestimmt (siehe pag. 7).

12. **Chile.** In neuester Zeit: Anzahl Hectoliter pro Hectar.

B. Länder mit regelmässigem Import.

1. **Grossbritannien und Irland.** Feldmaass: 1 Acre of Land = 0·4047 Hectaren.

Quantität: Anzahl Imperial-Quarters pro Acre oder auch Anzahl Imperial-Bushels pro Acre.

Umrechnungszahlen:

7·186 für Imperial-Quarters.
0·898 für Imperial-Bushels.

Beispiel: Das quantitative Erträgnis der Weizenernte wäre 15 Bushels pro Acre, so entspricht dies 15 × 0·898 = 13·5 Hectoliter pro Hectar.

2. **Frankreich.** Anzahl Hectoliter pro Hectar.

3. **Deutschland,** wie Frankreich.

4. **Belgien,** wie Frankreich.

5. Die **Schweiz,** wie Frankreich.

6. **Holland** (Niederlande), wie Frankreich.

7. **Italien,** wie Frankreich.

8. **Schweden und Norwegen.**

a) Schweden. Feldmaass: Die Quadrat-Corde (Quadratref) = 0·0882 Hectaren.

Quantität: Anzahl schwedischer Getreidetonnen pro Quadrat-Corde oder Anzahl Cubikfuss pro Quadrat-Corde.

Umrechnungszahl:
18·7 für die Tonne.
3 für den Cubikfuss.

b) Norwegen. Feldmaass: 1 Tonne Landes = 0·3938 Hectaren.

Quantität: Anzahl norwegischer Getreidetonnen pro Tonne Landes.

Umrechnungszahl: **3·5.**

9. **Portugal.** Feldmaass: Die Geira (der Morgen) = 0·5856 Hectaren.

Qantität: Anzahl Fangas (Fanegas) pro Geira.

Umrechnungszahl: **0·94.**

In neuester Zeit schon auch: Anzahl Hectoliter pro Hectar.

10. **Griechenland.** Feldmaass: Die königliche Stremma = 1000 Quadratmeter = 0·1 Hectaren.

Quantität: Anzahl königliche Kiló pro Stremma.

Umrechnungszahl: **10.**

III. Ernte-Erträgnis
in qualitativer Beziehung.
(Qualitätsmasse im Getreidehandel.)

Die Qualität des Getreides wird dadurch besiimmt, dass man angibt, wie viele Gewichtseinheiten eine gewisse Maassquantität derselben wiegt.

Man nennt dies kurzweg die Getreideprobe.

Die wichtigsten im Handel vorkommenden Getreideproben sind folgende:

1. Metrische Probe: Anzahl Kilogramm pro Hectoliter.

Angewendet in: Oesterreich - Ungarn, Süddeutschland, Frankreich, Belgien, Holland, Schweiz und Italien.

2. Alte Berliner Probe: Anzahl deutscher Pfunde per Neuscheffel (dem Zahlen-Verhältnis nach identisch mit der metrischen Probe).

Angewendet in: Stettin, Leipzig.

3. Neue Berliner Probe: Anzahl Gramm pro Liter[1]).

Angewendet in Berlin und Breslau.

4. Marseiller Probe: Anzahl Kilogramm pro Charge (160 Liter).

Angewendet in Marseille.

5. Holländische Probe: Anzahl holländische Troypfunde pro holländischen Zak.

Angewendet in Bremen, Danzig, Hamburg, Königsberg, Liebau, Rewal, Riga, dann für den Transithandel in Stettin und in Dänemark.

6. Englische Probe: Anzahl englischer Pfunde pro Imperial-Quarter.

Angewendet in Grossbritannien und Irland.

---

[1]) Diese erst seit wenigen Jahren in Berlin eingeführte Getreideprobe ist sowohl vom wissenschaftlichen als auch vom praktischen Standpunkte aus entschieden die rationellste und ist daher gewiss berufen, in nicht allzu ferner Zeit alle übrigen zu ersetzen. Näheres siehe in den Denkschriften der Berliner Normal-Aichungs-Commission von 1871 und 1872.

7. Russische Probe: Anzahl Pud oder auch russischer Pfunde pro Tschetwert.

Angewendet in Russland.

8. Türkische Probe: Anzahl Oka pro Kilé von Konstantinopel.

Angewendet mit den entsprechenden Variationen des Hohlmaasses Kilé in den unteren Donauländern.

9. Amerikanische Probe: Anzahl englischer Pfunde pro amerik. Bushel.

Angewendet in den Vereinigten Staaten von Nordamerika und in Californien.

Die Umrechnungen von einer Probe in die andere ermöglichen folgende Schlüsselzahlen:

1.

Kilogramm pro Charge	× 0·625 =	Kilogramm pro Hectoliter.
Troypfunde pro Zak	× 0·5898 =	
Engl. Pfunde pro Quarter	× 0·156 =	
Russ. Pfunde p. Tschetwert	× 0·195 =	
Oka pro Kilé von Konst.	× 3·532 =	
Engl. Pfunde pro am. Bushel	× 1·287 =	

Z. B.: London, Weizen 496 ist somit 0·156 × 496 = 77·4 Kilogramm pro Hectoliter schwer.

Odessa, Weizen 380 ist also 0·195 × 380 = 74·1 Kilogramm pro Hectoliter schwer.

2.

Engl. Pfunde pro Quarter	× 0·2645 = Troypfunde pro Zak,
	× 0·7995 = Russ. Pfunde p. Tschetw.,
	× 0·2496 = Kilogramm pro Charge.

3.

Russ. Pfunde pro Tschetwert	× 1·2507 = Engl. Pfunde pro Quarter,
	× 0 3307 = Troypfunde pro Zak,
	× 0·3124 = Kilogramm pro Charge.

4.

Kilogramm pro Hectoliter	× 1·6954 = Troypfunde pro Zak,
	× 6·4105 = Engl. Pfunde pro Quarter,
	× 5·1258 = Russ. Pfunde p. Tschetw.

Bei der Umrechnung der Getreideproben auf die neue Berliner Probe muss der Dichtigkeits-Coefficient berücksichtiget werden. Diese Dichtigkeits-Coefficienten sind für die „Literschale“:

für Weizen..... 1·036,
für Roggen .... 1·047,
für Gerste ..... 1·049.
für Hafer ...... 1·074.

Die Schlüsselzahlen sind daher für jede Getreidesorte andere, und zwar:

a) für Weizen:

Kilogramm pro Hectoliter	× 9·6525 =	Gramm pro Liter;
Troypfunde pro Zak	× 5·6932 =	
Engl. Pfunde pro Quarter	× 1·5057 =	
Russ. Pfunde pro Tschetwert	× 1·8832 =	

b) für Roggen:

Kilogramm pro Hectoliter	× 9.5511 =	Gramm pro Liter;
Troypfunde pro Zak	× 5·6334 =	
Engl. Pfunde pro Quarter	× 1·4899 =	
Russ. Pfunde pro Tschetwert	× 1·8679 =	

c) für Gerste:

Kilogramm pro Hectoliter	× 9·5329 =	Gramm pro Liter;
Troypfunde pro Zak	× 5.6226 =	
Engl. Pfunde pro Quarter	× 1·4870 =	
Russ. Pfunde pro Tschetwert	× 1·8598 =	

d) für Hafer:

Kilogramm pro Hectoliter	× 9·3110 =	Gramm pro Liter.
Troypfunde pro Zak	× 5·4919 =	
Engl. Pfunde pro Quarter	× 1·4525 =	
Russ. Pfunde pro Tschetwert	× 1·8167 =	

Z. B.: Wien, Weizen 76 Kilogramm ist somit 9·6525 × 76 = 734 Gramm pro Liter schwer.

Die Tabellen pag. 104 und 105 geben die Paritäten für die verschiedenen Getreideproben.[1])

Die in Berlin und Breslau bestehenden Usancen für den Terminhandel geben folgende Paritäten:

a) Weizen 713 Gramm	= 73·9	Kilogramm,
	= 125·2	Holl. Troypfunde,
	= 474	Englische Pfunde,
	= 379	Russische Pfunde,
b) Roggen 659 Gramm	= 69·0	Kilogramm,
	= 117	Holl. Troydfunde,
	= 442	Englische Pfunde,
	= 354	Russische Pfunde,
c) Hafer 386 Gramm	= 41·5	Kilogramm.
	= 70	Holl. Troypfunde,
	= 266	Englische Pfunde,
	= 213	Russische Pfunde,

---

[1]) Die erste Colonne: „Kilogramm pro Hectoliter“ kann auch „Deutsche Pfunde pro Neuscheffel“ gelesen werden. Die Resultate sind je nach der Probe entweder auf Ganze oder Zehntel der betreffenden Gewichtseinheit gerechnet.

Die auf pag. 106 mitgetheilte Tabelle gibt die für Berlin officiell festgesetzte Reduction der Füllung der „Literschale“ auf die „Scheffelfüllung“. Nimmt man die Resultate dieser Tabelle doppelt, so hat man Kilogramm pro Hectoliter.

Die Qualität des Mehles wird am häufigsten durch Nummern bestimmt und gilt hierbei allgemein das Princip: je feiner das Mehl, desto kleiner die Nummer.

Man bezeichnet das feinste Weizenmehl gewöhnlich mit Nummer 0. An einzelnen Plätzen hat man dafür die Bezeichnung 00, ja auch 000 und nummerirt dann: 000, 00, 00, 1, 2 u. s. f. Die Nummern der einzelnen Handelsplätze lassen sich schwer vergleichen, und sind bei den meisten Geschäftsabschlüssen die „Muster“ massgebend.

Die ungarischen Mühlen haben folgende Nummerirung (Budapester Typen):

Weizenmehl-Nummern: 0, 1, 2, 3, 4, 5, 6, 7, 8, $8^1/_2$, $8^3/_4$ und 9.

Roggenmehl-Nummern: I, II, III, IV (Futtermehl).

Weitere Mahlproducte sind: feiner und grober Gries, feine und grobe Weizen-Kleie, Roggen-Kleie. In Deutschland nennt man die grobe Weizen-Kleie „Schaale“.

Die süddeutschen Mühlen haben für Weizenmehl nur fünf Abstufungen: Nummer 0, 1, 2, 3 und 4.

Nummer 0 bis 5 sind Feinmehle, 6 bis 9 Brod- und Schwarzmehle.

IV. Qualitäts-Usancen

bei den Termin- und Effectiv-Geschäften.

Für die Termin- und Lieferungsgeschäfte sind im Getreidehandel an den einzelnen Plätzen bestimmte Normen festgesetzt. Aus diesen wollen wir jene mittheilen, welche sich auf das Qualitätsgewicht und auf die daraus entstehenden Differenzen bezüglich der Lieferung, beziehungsweise Entschädigung oder Refusirung der Waare beziehen. Ausserdem wollen wir auch die für Effectiv- oder Locogeschäfte bezüglich des Qualitätsgewichtes geltenden Usancen zusammenstellen [1]).

A. Oesterreich-Ungarn.

1. **Wien,** Frucht- und Mehlbörse.

Getreide. Das Qualitätsgewicht wird in Kilogramm per Hectoliter (metrische Probe) bestimmt.

a) Termingeschäft.

Minimal-Qualitätsgewicht:

Weizen	75·5	Kilogramm	pro	Hectoliter,
Roggen	69·5	„	„	„
Gerste	60·0	„	„	„
Hafer	38·5	„	„	„

Unter diesem Minimalgewicht ist Usancegetreide und Getreide, ohne Gewichtsgarantie verkauft, nicht lieferbar. Verkauft der Verkäufer von einem bestimmten Gewichte aufwärts, so gilt dies als Minimal-Gewichtsgarantie und ist daher das betreffende Getreide nur lieferbar, wenn es das garantirte Minimalgewicht voll besitzt.

b) Effectivgeschäft.

Durchschnitts-Qualitätsgewicht vertragsmässig vereinbart.

---

[1]) Wir nehmen hier nur jene Länder, beziehungsweise Getreideplätze, wo derlei feststehende Usancen für das Qualitätsgewicht existiren, also hauptsächlich jene, wo Termingeschäfte börsemässig abgeschlossen werden. Ausnahmsweise bezogen wir, ihrer Wichtigkeit wegen, die unteren Donauländer ein, obwohl dort keine eigentlichen Getreidebörsen und noch weniger feststehende Usancen existiren.

Hierauf bezügliche Bestimmungen:

1. Bei Mindergewicht von 90 Decagramm pro Hectoliter kann jeder Käufer refusiren.

2. Bei Abgang von 20 Decagramm pro Hectoliter (bei Hafer 30 Decagramm), findet kein Ersatz statt.

3. Entschädigung wegen Mindergewicht bei Weizen, Roggen, Buchweizen und Hirse:

von	21	bis	nicht	voll	40	Deca	pro	Hectoliter	1 % ,
„	40	„	„	„	60	„	„	„	1½ „
„	60	„	„	„	80	„	„	„	2 „
„	80	„	„	„	90	„	„	„	2½ „

bei Mais:

von	21	bis	nicht	voll	60	Deca	pro	Hectoliter	1 % ,
„	60	„	„	„	80	„	„	„	1½ „
„	80	„	„	„	90	„	„	„	2 „

und bei Hafer:

von	31	bis	nicht	voll	60	Deca	pro	Hectoliter	1 % ,
„	60	„	„	„	90	„	„	„	2 „

beglichen durch Kürzung des Facturenbetrages.

Mehl.

Marken. Zum Zwecke der Entscheidung von Streitigkeiten nimmt der Vorstand der Wiener Frucht- und Mehlbörse die ihm von Seite der Mühlen-Etablissements übergebenen Proben ihrer Erzeugnisse (Marken) in Verwahrung, welche auch für die Entscheidung von Streitigkeiten vor dem Schiedsgerichte der Waarenbranche an der Wiener Börse maassgebend sind. Der Verkäufer haftet für die Uebereinstimmung der gelieferten Waare mit seiner eigenen Marke, resp. bei Verträgen über Lieferung fremder Waare, mit der Marke des bezeichneten Etablissements. (§. 4 der Wiener Usancen).

2. **Budapest,** Waarenbörse.

Getreide. Das Qualitätsgewicht wird in Kilogramm pro Hectoliter (metrische Probe) bestimmt.

a) Termingeschäft.

Minimal-Qualitätsgewicht:

Weizen	75·0	Kilogramm	pro	Hectoliter,
Roggen	69·2	„	„	„
Gerste	60·0	„	„	„
Hafer	38·5	„	„	„

Ein Mindergewicht von 10 Deca pro Hectoliter berechtigt weder zum Refus der Waare, noch zum Anspruche auf eine Vergütung (§. 70 der Usancen).

b) Effectivgeschäft.

Durchschnitts-Qualitätsgewicht nach Vereinbarung.

Enthält der Vertrag, der nach Pester Usancen geschlossen ist, kein bestimmtes Qualitätsgewicht, so gelten stillschweigend obige Minimalsätze, jedoch mit dem Anspruche auf Vergütungen bei Mindergewicht (§. 56 der Usancen).

Bezüglich eines Mindergewichts normirt §. 58:

1. Bei Mindergewicht von **über** 70 Deca pro Hectoliter kann Käufer refusiren.

2. Bei Abgang bis volle 25 Decagramm pro Hectoliter findet kein Ersatz statt.

3. Entschädigung wegen Mindergewicht bei Weizen:

über	25	bis nicht voll	35	Deca pro Hectoliter	0·3%,
von	35	„ „ „	45	„ „ „	0·6 „
„	45	„ „ „	55	„ „ „	0·9 „
„	55	„ „ „	60	„ „ „	1·2 „
„	60	„ „ „	66	„ „ „	1·5 „
„	65	bis volle	70	„ „ „	1·8 „

pro 100 Kilogramm.

Für alle anderen Getreidesorten:

über	30	bis nicht voll	45	Deca pro Hectoliter	0·7%,
von	45	„ „ „	60	„ „ „	1·0 „
„	60	bis inclusive	70	„ „ „	1·5 „

pro 100 Kilogramm.

Mehl. Die Qualität wird durch Angabe der Nummer fixirt.

3. **Triest,** Waarenbörse.

Getreide. Das Qualitätsgewicht wird in Kilogramm pro Hectoliter (metrische Probe) bestimmt.

a) Termingeschäft.

Kein fixirtes Minimalgewicht, sondern nach Uebereinkunft.

§. 68 der Usancen: Wenn eine Differenz in der Qualität vorkommt, welche nicht 3% übersteigt, wie es dem gebräuchlichen Ausdrucke „kleine Differenz in der Qualität“ entspricht, so ist der Käufer verpflichtet, die Waare zu übernehmen. Die betreffende Vergütung muss vom Käufer zum Tagespreise der Waarengattung geleistet werden.

b) Effectivgeschäft.

Durchschnitts-Qualitätsgewicht nach Vereinbarung.

§. 53 der Usancen: Die Getreidesorten müssen das im Contracte vereinbarte Effectivgewicht haben, mit der Nachsicht von 300 Gramm pro Hectoliter, jedoch so, dass die Menge von je 500 Hectoliter das Minimum des vereinbarten effectiven Gewichts ergebe.

Mehl. Die Qualität wird durch die Nummer oder Marke der Mühle oder durch „ähnlich dem versiegelten Muster“ bestimmt.

4. **Prag,** Waaren- und Effectenbörse.

Getreide. Das Qualitätsgewicht wird in Kilogramm pro Hectoliter (metrische Probe) bestimmt.

a) Termingeschäft.

Minimal-Qualitätsgewicht.

Als solches gelten die alljährlich Ende September von der Börsenkammer bestimmten Minimalsätze (§. 27 der Usancen). [1])

b) Effectivgeschäft.

Durchschnitts-Qualitätsgewicht nach Vereinbarung. Findet keine Vereinbarung statt, so gelten die Minimalsätze für den Terminhandel.

Entspricht das Qualitätsgewicht der gelieferten Getreidegattungen nicht den vereinbarten oder den Minimalsätzen, so findet folgende Vergütung statt:

a) Bei Mindergewicht von mehr als 80 Deca pro Hectoliter kann Käufer Annahme verweigern.

b) Bei einem Mindergewicht bis volle 30 Deca pro Hectoliter, hat Verkäufer keinen Ersatz zu leisten.

c) Die Entschädigung beträgt bei einem Mindergewicht

von über 30	bis nicht voll	45	Deca	pro	Hectoliter	0·7%,
„ voll 45	„ „ „	60	„	„	„	1·0 „
„ „ 60	„ „ „	70	„	„	„	1·5 „

pro 100 Kilogramm, die dem Käufer zu vergüten sind.

Diese Bedingungen gelten auch bei Lieferungsgeschäften.

5. **Czernowitz,** Frucht- und Productenbörse.

Getreide. Das Qualitätsgewicht wird in Kilogramm pro Hectoliter (metrische Probe) bestimmt.

a) Termingeschäft.

Minimal-Qualitätsgewicht:

Als solches gelten für Usancegetreide die alljährlich vom Börsenvorstande aus dem Ergebnisse der Ernte festgesetzten Minimalgewichte.

b) Effectivgeschäft.

Durchschnitts-Qualitätsgewicht nach Vereinbarung.

Bezüglich eines Mindergewichtes gelten folgende Bestimmungen:

1. Bei Mindergewicht von 1 Kilogramm pro Hectoliter kann Käufer refüsiren.

2. Bei Abgang bis 25 Deca pro Hectoliter findet kein Ersatz statt.

---

[1]) Nach einer Mittheilung des Secretariats der Prager Börse wird bereits seit einigen Jahren von der Festsetzung des Minimal-Gewichtes für Getreide Umgang genommen, da an dortiger Börse gar keine Termingeschäfte mehr gemacht werden.

3. Entschädigung wegen Mindergewicht bei Weizen, Roggen und Gerste:

von 26	bis	45	Deca	pro	Hectoliter	1 % ,
„ 46	„	65	„	„	„	1½ „
„ 66	„	85	„	„	„	2 „
„ 86	„	100	„	„	„	2½ „

bei Hafer:

von 26	bis	70	Deca	pro	Hectoliter	1 %,
„ 61	„	100	„	„	„	2 „

beglichen durch Kürzung des Facturenbetrages.

Ist Getreide weder mit einer bestimmten Qualität, noch auf Muster verkauft, so darf solches der Käufer nur refüsiren, wenn der constatirte Minderwert

bei Weizen	mehr als	4 %,
„ Roggen und Gerste	„ „	5 „
„ Hafer	„ „	6 „
„ Mais	„ „	4 „

beträgt.

Bei Garantie eines Minimalgewichtes finden obige Entschädigungsnormen keine Anwendung, da die Waare, wenn sie lieferbar sein soll, das garantirte Minimalgewicht besitzen muss.

Wird Getreide in Säcken geliefert, so berechnet man 1 Kilogramm Tara pro Sack.

Die Ermittelung des Qualitätsgewichtes darf ausschliesslich nur mit dem Normal-Messapparat in Czernowitz vorgenommen werden.

Mehl wie in Wien.

6. **Linz,** Fruchtbörse.

Getreide. Das Qualitätsgewicht wird in Kilogramm pro Hectoliter (metrische Probe) bestimmt.

Die Usancen in Bezug auf das Termin- und Effectivgeschäft sind vollständig übereinstimmend mit den auf pag. 15 u. 16 mitgetheilten Usancen der Wiener Frucht- und Mehlbörse.

B. Deutschland.

1. **Berlin** und **Breslau,** Productenbörse.

Getreide. Das Qualitätsgewicht wird in Gramm pro Liter (neue Berliner Probe) bestimmt.

a) Termingeschäft.

Minimal-Qualitätsgewicht:

Weizen	713	Gramm	(73·9 Kilogr. pro Hectoliter),
Roggen	659	„	(69·0 „ „ „),
Hafer	386	„	(41·5 „ „ „),

§ 7 der Getreidehandels-Usancen lautet:

Stellt sich bei der durch die Sachverständigen-Commission herbeigeführten Qualitäts-Gewichts-Ermittlung ein Mindergewicht bis 5 Gramm pro Liter heraus, so soll deshalb die Lieferung doch als contractlich angesehen werden; der Lieferer hat aber in diesem Falle dem Empfänger den durch die Sachverständigen-Commission festzusetzenden Qualitätsunterschied gegen contractlich wiegende Waare zu vergüten und die Gebühren der Sachverständigen-Commission zu tragen.

b) Effectiv- (Loco-) Geschäft.

Durchschnitts-Qualitätsgewicht nach Uebereinkunft.

Aus § 24 der Usancen für den Handel mit Getreide in loco:

Die Sachverständigen haben den etwaigen Minderwert gegen vertragsmässige Waare festzusetzen, welchen der Verkäufer dem Käufer zu vergüten hat; die Abnahme des Getreides selbst kann vom Käufer nicht verweigert werden.

Mehl. Die Qualität wird nach Nummern bestimmt.

Weizenmehl-Nummern: 00, 0, I, II, III. In Roggenmehl: Berliner Type, d. i. die Typen 0 und I zu gleichen Theilen gemischt.

Termingeschäft nur in Roggenmehl, Berliner Type.

2. **Stettin,** Productenbörse.

Getreide. Das Qualitätsgewicht wird in deutschen Pfunden pro Neuscheffel (50 Liter) bestimmt. (Normalwage der Stettiner Kaufmannschaft.)

a) Termingeschäft.

Minimal-Qualitätsgewicht:

Weizen	74	Pfund	(74	Kilogr.	pro	Hectoliter),
Roggen	$69^1/_2$	„	($69^1/_2$	„	„	„),
Hafer	42	„	(42	„	„	„),

§ 14 der Usancen lautet:

Erreicht das gelieferte Getreide nicht das im Contracte festgesetzte mindeste Durchschnittsgewicht, so ist der Empfänger berechtigt, das Getreide in natura dem Lieferer (ersten Anmelder) gegen Erstattung der dafür gezahlten Summe und der erwachsenen Auslagen zurückzugeben, wenn er sich dazu bis 12 Uhr Mittags des der beendigten Abnahme folgenden Werktages, dem Lieferer (ersten Anmelder) gegenüber schriftlich bereit erklärt.

Erfolgt diese Erklärung nicht rechtzeitig, so findet die Zurückgabe des Getreides nicht statt. Der Lieferer ist aber verpflichtet, dem Empfänger den von den Taxatoren auf Kosten des Lieferers festzustellenden Minderwert zu vergüten.

b) Effectiv- (Loco-) Geschäft.

Durchschnitts-Qualitätsgewicht auf Grund der Verkaufsprobe.

§ 3 der Usancen für Loco-Verkäufe lautet:

Sollte Streit über die Qualität des Stückes gegen die Verkaufsprobe entstehen, so entscheiden auf Kosten des Unrecht habenden Theiles hiesige vereidete Taxatoren und stellen etwaigen Minderwert fest. Beträgt der Minderwert nicht über 3 Mark pro 1000 Kilogr. so ist der Käufer zur Abnahme gegen Vergütung des festgestellten Minderwertes, der Verkäufer zur Lieferung gehalten; übersteigt der Minderwert bei Loco-Verkäufen obigen Satz, so steht es dem Käufer nur frei, entweder die Waare abzunehmen und den taxirten Minderwert vom Kaufpreise in Abzug zu bringen, oder ganz vom Vertrage zurückzutreten.

Bei Geschäften auf Lieferung behält der Käufer in dem Falle, wenn der Minderwert über 3 Mark pro 1000 Kilogramm beträgt, auch das Recht, sich die Waare für Rechnung des Verkäufers bestmöglichst anzukaufen.

Mehl. Die Qualität wird nach Nummern bestimmt.

3. **Danzig,** Productenbörse.

Getreide. Das Qualitätsgewicht (Börsengewicht) wird in Pfund holländisch nach der Danziger Börsenschale (holländische Probe) bestimmt.

a) Termingeschäft.

Kein fixirtes Minimalgewicht, sondern nach Uebereinkunft.

Aus § 24 der Danziger Getreidehandels-Usancen:

Kosten der Probe tragen beide Parteien zu gleichen Theilen. Aus der Probe darf nur eine Verwiegung stattfinden; gegen das in der Börse ermittelte Gewicht findet keine Berufung statt. Ist das Gewicht durch eine Differenz ausgedrückt, so muss das Durchschnittsgewicht geliefert und angenommen werden z. B.: 128/9 = 128½ Pfund.

b) Effectivgeschäft.

Durchschnitts-Qualitätsgewicht nach Uebereinkunft.

Ausser den Bestimmungen des § 24 ist bei Effectivgeschäften noch § 10 massgebend: Mehr- und Mindergewicht. Derselbe lautet:

Hat die Feststellung des Börsengewichtes ein Mindergewicht von mehr als 1½ Pfund bei Partien aus dem Wasser oder vom Lande, respective von mehr als 1 Pfund bei Partien vom Speicher ergeben, so ist der Käufer berechtigt, die Annahme der Waare zu verweigern und auf anderweitiger Erfüllung binnen 24 Stunden zu bestehen. Mindergewicht von nur ½ Pfund keine Vergütung. Für 1 Pfund Mindergewicht ist 1%, für 1½ Pfund 2% vom Quantum abzuziehen und bleibt Käufer auf diese Vergütung beschränkt.

Eine Vergütung von Mehrgewicht seitens des Käufers findet nur bei Partien per Eisenbahn oder Fuhre und für höchstens 1½ Pfund nach denselben Sätzen wie für Mindergewicht statt.

Mehl. Die Qualität wird nach Nummern bestimmt.

Nummern: 00, 0, 0/I, I und II.

4. **Königsberg** (Preussen), Productenbörse.

Getreide. Das Qualitätsgewicht wird in holländischen Pfunden nach der Börsenschale (holländische Probe) bestimmt.

Im Termingeschäft kein fixirtes Minimalgewicht, sondern nach Uebereinkunft.

§ 3 der Getreidehandels-Usancen lautet:

Ist das Gewicht durch 2 Zahlen z. B.: 118 bis 119 Pfund, oder 118 à 119 Pfund, oder 118/119 Pfund bestimmt, so ist ein Gewicht zu liefern, das die kleinste Zahl übersteigt, also mehr als 118 Pfund.

Mehl. Qualität nach Muster. Roggenmehl Berliner Type 0/I.

5. **Hamburg,** Waarenbörse.

Getreide. Das Qualitätsgewicht wird in holländischen Pfunden nach der Hamburger Commerzschale (holländische Probe) bestimmt.

a) Termingeschäft.

Minimal-Qualitätsgewicht:

Weizen 126 (74·3 Kilogramm pro Hectoliter),
Roggen 118 (69·6 „ „ „),

§ 12 der Getreidehandels-Usancen lautet:

Falls das Getreide bei der Lieferung nicht das contractliche Gewicht ergibt, so steht es in der Wahl des Käufers, mit einer vom Schiedsgerichte ausgesprochenen Vergütung zu empfangen oder aufzuschliessen, und muss innerhalb des Termines andere contractliche Waare geliefert und vom Käufer empfangen werden.

b) Effectiv- (Loco-) Geschäft.

Durchschnitts-Qualitätsgewicht nach Uebereinkunft.

Aus § 2 der Usancen für Locogeschäfte:

Wenn die Waare bei Empfang bis zu 1 Pfund weniger wiegen sollte, so muss solche, wenn sonst contractlich, mit einer Vergütung von 50 Pfennige für $^1/_2$ Pfund, oder 1 Mark für 1 Pfund pro 1000 Kilogramm empfangen werden.

Mehl. Qualität nach Marken oder Nummern. Weniger bekannte Mühlen nach Muster.

6. **Bremen,** Waarenbörse.

Getreide. Das Qualitätsgewicht wird in holländischen Pfunden nach der Bremer Commerzschale (holländische Probe) bestimmt.

a) Termingeschäft.

Minimal-Qualitätsgewicht für Roggen:

Classe *A*: Provenienz und ein bestimmtes Minimalgewicht;

Classe *B*: alle Sorten ungedarrten Roggens von mindestens 117 Pfund holländisch (69·0 Kilogramm pro Hectoliter);

Classe *C*: alle Sorten gedarrten Roggens aus Russland von mindestens 112 Pfund holländisch (66·1 Kilogramm pro Hectoliter).

b) Effectivgeschäft.

Durchschnitts-Qualitätsgewicht nach Uebereinkunft.

7. **Leipzig,** Productenbörse.

Getreide. Das Qualitätsgewicht wird in deutschen Pfunden pro Neuscheffel (alte Berliner Probe) bestimmt.

a) Termingeschäft.

Minimalqualitätsgewicht:

Roggen	70 Pfund	(70 Kilogr. pro Hectoliter).
Hafer	42 „	(42 „ „ „).

Für Weizen und Gerste besteht kein Minimal-Qualitätsgewicht.

§ 8 der Usancen lautet:

Das zulässige Ueber- oder Untergewicht wird auf 1 Pfund pro Neuscheffel festgesetzt.

b) Effectiv- (Loco-) Geschäft.

Durchschnitts-Qualitätsgewicht nach Uebereinkunft.

Mehl. Qualität nach den Nummern 00, 0, 1 und 2 bei Weizenmehl und 0, 1, 2 und 3 bei Roggenmehl.

8. **Köln,** Productenbörse (Usancen revidirt 22. März 1880).

Getreide. Das Qualitätsgewicht wird in Kilogramm pro 100 Liter bestimmt.

a) Termingeschäft.

Minimal-Qualitätsgewicht:

Weizen	75	Kilogramm	pro	100 Liter.
Roggen	69	„	„	„
Hafer	43	„	„	„

b) Effeetivgeschäft.

Durchschnitts-Qualitätsgewicht nach Uebereinkunft.

§ 10, Punkt 3 der Usancen:

Falls sich bei Ermittelung des Minimalgewichts ergibt, dass solches bis innnerhalb eines Kilogramm pro 100 Liter weniger beträgt, so kann dadurch eine Zurückweisung der Waare nicht begründet werden. Der Ablieferer ist dagegen verpflichtet, dem Empfänger in diesem Falle 1% Gutgewicht zu vergüten.

Bezüglich der Provenienz ist ägyptischer und „Cubanca“-Weizen, dann Enos-Roggen nicht lieferbar. Bei Roggen kann gedörrte Waare oder gedörrt und ungedörrte vermischt geliefert werden.

Aus § 30 der Usancen:

Qualitäts-Streitigkeiten sind durch Anrufung des Urtheiles der Börsen-Experten zum Austrag zu bringen. Für jeden Streitfall sind 3 Experten auszulosen. Die Kosten der Expertise hat der unterliegende Theil zu tragen; dieselben betragen für jeden Experten: bis 500 Sack 10 Mark, von 500 bis 1000 Sack 15 Mark, von mehr als 1000 bis 2000 Sack 30 Mark und für jede weitere 1000 Sack 15 Mark mehr.

Mehl. Qualität nach den Nummern 00, 0, 1 u. s. f.

9. **Frankfurt a. M.,** Productenbörse.

Getreide. Das Qualitätsgewicht wird in Kilogramm pro Hectoliter bestimmt.

a) Termingeschäft.

Roggen 70 Kilogramm pro Hectoliter.
Weizen 75 „ „ „

b) Effectivgeschäft.

Durchschnitts-Qualitätsgewicht nach Uebereinkunft.

§. 17 der Usancen lautet;

Entspricht das Naturgewicht des gelieferten Weizens und Roggens nicht den vereinbarten oder den für Termingeschäfte bestimmten Bedingungen, so berechtigt den Käufer:

a) ein Mindergewicht bis zu 1 Pfund pro Hectoliter zu einem Abzuge von 1% des Kaufpreises;
b) ein Mindergewicht von mehr als 1 Pfund und bis 2 Pfund pro Hectoliter zu einem Abzuge von 2%;
c) ein Mindergewicht von mehr als 2 Pfund pro Hectoliter zur Ablehnung der betreffenden Waare.

Mehl. Qualität durch Nummern fixirt.

10. **Stuttgart,** Landes-Productenbörse.

Getreide. Das Qualitätsgewicht wird in Kilogramm pro Hectoliter bestimmt.

Termingeschäfte im Sinne der norddeutschen Productenbörsen werden nicht abgeschlossen.

Im Effectivgeschäfte nach Uebereinkunft.

§. 24 lautet:

Wenn bei einem Geschäftsabschlusse das Effectivgewicht der zu liefernden Waare nicht ausdrücklich bedungen wurde, so ist Waare von mindestens demjenigen Effectivgewichte zu liefern, welches der Börsevorstand jedes Jahr vom Anfange des Monats September für „Usance-Waare" in den Artikeln Weizen, Kernen, Roggen, Gerste und Hafer festsetzen und an der Börse kundmachen wird. So lange für die süddeutschen Börsen und Märkte kein Effectivgewicht festgestellt ist, bleibt für ungarisches Getreide das von der Pester Börse festgesetzte Gewicht und Bestimmungen auch für unsere Börse massgebend [1]).

Mehl. Qualität durch die Nummern 0 bis 5 bestimmt.

11. Mannheim.

Getreide. Nur Effectivgeschäfte und die fast ausnahmslos nach Muster.

Wenn ein Qualitätsgewicht bedungen wird, so geschieht dies in Kilogramm pro Hectoliter.

Besondere Usancen für den Getreidehandel bestehen in Mannheim, trotzdem dieser Platz einer der wichtigsten von Mitteldeutschland ist, dermalen nicht. (Nach einer Mittheilung des k. k. österreichisch-ungarischen Consuls.)

Mehl. Die Qualität wird gewöhnlich durch Nummern bestimmt.

C. Untere Donauländer.

1. Konstantinopel (keine Getreidebörse).

Getreide. Durchschnittsgewichte pro Kilé:

Weizen	21—22	Oka	(74—78	Kilogr.	pro	Hectoliter),
Roggen	20—21	„	(70—74	„	„	„),
Gerste	15—18	„	(56—67	„	„	„),
Mais	21—22	„	(74—78	„	„	„).

Man unterscheidet ferner nach der Provenienz: 1. rumelische; 2. romänische; 3. russische Waare.

Mehl. Die Qualität wird durch die Nummern I, II und III bestimmt. Die Bestellungen im Auslande geschehen jedoch nach der betreffenden fremdländischen Usance.

2. Salonichi.

Getreide. Durchschnittsgewichte pro Kilé von Salonichi (= 4 Kilé von Konstantinopel):

Weizen	86—90	Oka	(77—79	Kilogr.	pro	Hectoliter),
Roggen	80—84	„	(70—74	„	„	„),
Gerste	60—70	„	(53—62	„	„	„),
Hafer	46—50	„	(41—44	„	„	„),
Mais	86—88	„	(77—78	„	„	„).

Mehl wie in Konstantinopel.

---

[1]) Nach einer Mittheilnng des Börsevorstandes vom 9. December 1879 wurde jedoch bereits seit mehreren Jahren das von der Wiener Frucht- und Mehlbörse festgesetzte Effectivgewicht (pag. 15) angenommen, da fast ausschliesslich nur ungarisches Getreide in den Handel kam und amerikanische und russische Waare gewöhnlich nicht nach Effectivgewicht, sondern nach einem bestimmten Muster verkauft wird.

3. **Adrianopel, Rustszhuk** und **Varna** wie in Konstantinopel.

4. **Braila (Ibraila,** Walachei).

Getreide. Durchschnittsgewichte pro walachischen Kilé (Kila):

Weizen	500—520	Klg.	(74—77	Klg.	pro	Hectoliter),
Roggen	470	„	(69·6	„	„	„),
Gerste	360—400	„	(53—60	„	„	„),
Mais	520	„	(77	„	„	„).

5. **Galatz** [1]) (Moldau).

Getreide. Durchnittsgewicht pro Kilé (Kila) von Galatz:

Weizen	320	Kilogr.	(77	Kilogr.	pro	Hectoliter),
Roggen	290	„	(69·3	„	„	„),
Gerste	238	„	(57·2	„	„	„),
Hafer	160	„	(38·5	„	„	„),
Mais	320	„	(77	„	„	„).

6. **Jassy** (Moldau), **Bottuschan.**

Getreide. Durchschnittsgewicht pro Kilé (Kila) von Jassy:

Weizen	275	Oka	(77 Kilogramm	pro	Hectoliter),	
Roggen	250	„	(70	„	„	„),
Mais	275	„	(77	„	„	„).

In Jassy und Bottuschan wird das Kilé (Kila) auch häufig mit 24 statt 22 Dimerli oder Banitza zugemessen; dann ist das Durchschnittsgewicht für Weizen und Mais 300 Oka.

Mehl. Die Qualität wird durch 4 bezw. 5 Nummern bestimmt.

D. Holland.

Getreide. **Amsterdam.** Das Qualitätsgewicht wird in Kilogramm pro Hectoliter festgesetzt.

a) Termingeschäft.

Weizen muss wenigstens $75^1/_2$ Kilogramm pro Hectoliter wiegen, mit Ausnahme von tropischen, iberischen, russischen, türkischen, ungarischen, sowie Donau- und Mittelländische Meer-

---

[1]) In Galatz gelten folgende Maassusancen im Getreidehandel:

100 Galatzer Kilé	=	143	Imperial-Quarters.
	=	200	Tschetwerts.
	=	260	Marseiller Charges.
	=	1142	Konstantinopler Kilé.
	=	13·9	Holländische Last.
	=	500	Triestiner Stajo.

Sorten, welche mindestens $76^1/_2$ Kilogramm pro Hectoliter wiegen müssen.

Aus Artikel 3) des Reglements: Wiegt der gelieferte Weizen um höchstens 1 Kilogramm weniger, wie oben bestimmt, so ist er lieferungsfähig. In diesem Falle hat jedoch der Verkäufer den Käufer zu entschädigen und zwar $2^1/_2$ Gulden holl. pro 2400 Kilogramm, wenn der Weizen um $^1/_2$ Kilogramm, 6 Gulden holl. pro 2400 Kilogramm, wenn er um ein Kilogramm weniger wiegt. Die Bestimmung des Effectivgewichtes geschieht nur nach halben Kilogrammen.

Von der Lieferung ausgeschlossen sind:

a) alle getrockneten, ägyptischen und jene Sorten, die in London als „hard wheats" classificirt werden, sowie alle anderen Sorten, welche harte Körner von der „Cubanca-Art" enthalten.

b) Alle Sommerweizen, insbesondere amerikanische und Ghirka-Waare.

c) Alle solche Weizen, von denen Experte nachweislich constatiren können, dass sie aus zwei oder mehreren unter einander fremden Sorten zusammengestellt sind.

d) Beschädigte oder mit schädlichen Eigenschaften behaftete Waare.

Artikel 10) ist gleichlautend mit Artikel 11) des Reglements für Roggen (siehe weiter unten), nur dass die Partie bei Weizen 60,000 Kilogramm beträgt.

Für die Expertise bezüglich der Qualität und Lieferbarkeit hat der verlierende Theil $7^1/_2$ Gulden holl. pro je 60,000 Kilogramm zu bezahlen.

Roggen, gedörrt, muss wenigstens 69, ungedörrt wenigstens 71 Kilogr. pro Hectoliter wiegen.

Artikel 3 des Reglements für den Terminhandel in Roggen: Wiegt der gelieferte Roggen weniger, kann der Käufer refüsiren und ist Verkäufer verpflichtet anderen Roggen zu liefern.

Artikel 11: Die Untersuchung des effectiven Gewichtes des zu liefernden Roggens muss auf folgende Weise geschehen. Von 52500 Kilogramm müssen fünf Hectoliter von verschiedenen durch den Empfänger anzuweisenden Stellen, immer aber 2 Decimeter von den Seiten, durch beeidigte Messer gemessen und mit der Balancewage gewogen werden. Das auf diese Weise ermittelte Durchschnittsgewicht gilt als Maassstab. Der Empfänger hat jedoch das Recht, während der Empfangnahme von jeden 10500 Kilogramm das Gewicht auf's neue constatiren zu lassen. Wenn bei der Untersuchung das Gewicht nicht richtig befunden wird, muss der Ablieferer die Untersuchungskosten tragen.

Artikel 14. Die Ablieferung von auf Lieferung verkauftem Roggen geschieht nach effectivem Gewichte, pro 70 Kilogramm netto zu wiegen.

b) *Effectivgeschäft.*

Qualität nach Uebereinkommen, festgesetzt pro Hectoliter in Kilogramm oder nach der „poolschale" pro Zak in holländischen Troypfunden (holländische Probe).

Mehl. Die Qualität des Mehles wird durch Fabriksmarken oder nach Nummern bestimmt.

Nummern für Weizenmehl: 0, 1, 2, 3 und 4. Einzelne Mühlen bezeichnen feinstes Weizenmehl auch mit 00. Nummern für Roggenmehl: 1, 2 und 3.

E. Dänemark.

Kopenhagen.

Getreide. Das Qualitätsgewicht wird in holländischen Troypfunden pro Zak (holländische Probe) bestimmt.

§. 4 der Usancen normirt: Ist ein Maximum und Minimum für das Qualitätsgewicht vereinbart, so ist der Verkäufer berechtigt, ein Durchschnittsgewicht innerhalb dieser Grenzen zu liefern. Ebenso kann Verkäufer ein höheres Gewicht liefern, wenn es nicht anders vereinbart ist. Ein Mindergewicht bis zu 1 Pfund holländisch wird vergütet. Wird eine Partie „nicht unter einem gewissen Gewichte“ verkauft, so kann Käufer auf Lieferung des vollen Gewichtes bestehen.

Im Falle von Qualitätsstreitigkeiten wird eine Probe genommen. Zur Bestimmung des Qualitätsgewichtes darf nur eine holländische Getreidewage genommen werden, die mit der Normalwage an der Kopenhagener Börse übereinstimmt. Das Gewicht selbst wird von zwei vom Ausschusse der Grossisten-Societät bestellten wägekundigen Männern bestimmt.

Beträgt die constatirte Qualitätsdifferenz nicht mehr als den im Schlussschein für jeden speciellen Fall vorgesehenen Gesammtbetrag, so ist der Käufer verpflichtet, die Waare zu übernehmen, erhält aber dagegen die ihm zugesprochene Entschädigung, berechnet nach dem Marktpreise am Urtheilstage. Ist die Differenz grösser, so kann der Käufer das Geschäft annulliren und hat die ihm aus dem Schlussbriefe erwachsenden Rechte auf gerichtlichem Wege geltend zu machen.

Mehl. Die Qualität wird durch die betreffenden Fabriksmarken garantirt.

F. Frankreich.

1. **Paris,** Productenbörse (*marché au blé, seigle et avoines*).

Getreide. Das Qualitätsgewicht wird pro Hectoliter in Kilogramm bestimmt.

a) Termingeschäft.

Termingeschäfte werden in Mehl, Weizen, Roggen und Hafer abgeschlossen. Das Minimal-Qualitätsgewicht wird durch die Reglements vom 3. Mai 1878 bestimmt, und zwar besteht für jeden Artikel ein eigenes Reglement [1]).

Weizenmarkt (*marché au blé*).

Weizen, 77 Kilogramm pro Hectoliter.

Bis 2 Kilogr. Mindergewicht macht die Waare nicht uncontractlich, doch muss Lieferer folgende Bonification leisten:

1%,	wenn	unter	77	Kilogr.	bis	76½	Kilogr.,
2 „	„	„	76½	„	„	76	„
3 „	„	„	76	„	„	75½	„
4 „	„	„	75½	„	„	75	„

Roggenmarkt (*marché au seigle*).

Roggen, 72 Kilogramm pro Hectoliter.

Dem Lieferer ist eine Toleranz von 2 Kilogr. pro Hectoliter gestattet; aber er hat zu bonificiren;

½%,	wenn	unter	72	Kilogr.	bis	71½	Kilogr.,
1 „	„	„	71½	„	„	71	„
1½ „	„	„	71	„	„	70½	„
2 „	„	„	70½	„	„	70	„

Hafermarkt (*marché aux avoines*).

Hafer (schwarzer), 47 Kilogr. pro Hectoliter.

Dem Lieferer ist eine Toleranz von 2 Kilogr. pro Hectoliter gestattet; aber er hat zu bonificiren:

1%,	wenn	unter	47	Kilogr.	bis	46½	Kilogr.,
2 „	„	„	46½	„	„	46	„
3 „	„	„	46	„	„	45½	„
4 „	„	„	45½	„	„	45	„

Zur Beglaubigung (*vérification*) des eigenen Gewichtes [2]) (*du poids spécifique*) des Weizens, Roggens oder Hafers ist das Messen mit dem konischen Trichter (*trémie conique*) die einzig zulässige Form.

Der Preis der Expertise (Bestimmung des Qualitätsgewichtes) ist 5 Centimes pro 100 Kilogr. von der declarirten Quantität für die Mitglieder und 10 Centimes für Nichtmitglieder. Die Preise sind doppelt so gross, wenn die Expertise am letzten Tage des Monats gemacht werden soll.

---

[1]) Das Reglement für den Weizenmarkt enthält 54, das für den Roggenmarkt 50 und jenes für den Hafermarkt 51 Artikel.

[2]) Qualitätsgewicht.

Mehl. Die Qualität des Mehles im Termingeschäft wird durch Marken fixirt. Die Pariser Type ist das „9 Marken Mehl (neuve marques)“.

Bis 1. Sept. 1881 hatte man „8 Marken und superieures“. Zur Basis der Lieferung werden die Proben der jetzigen Acht Marken genommen, mit der Verbesserung, dass diese jeden Monat eine Type zu deponiren haben, wonach sie liefern müssen. Falls die Lieferungen hinter der Type zurückbleiben, hat die Expertise-Commission das Recht, den schlechtliefernden Fabrikanten auszuschliessen. Nach diesen Typen kann jeder Müller und Kaufmann des In- und Auslandes sein Mehl auf Schluss von „Neun Marken“ liefern. Dadurch ist erreicht, dass die bisherigen Achtmarken-Müller keine schlechten Qualitäten kaufen und mit ihrer Plombe lieferungsfähig machen können, und andererseits, dass jeder Verkäufer sich durch Waare liberiren kann.

2. **Marseille,** Productenbörse.

Getreide. Das Qualitätsgewicht wird pro Charge (160 Liter) in Kilogramm fixirt.

Bei einer effectiven Gewichtsgarantie kann Käufer die Waare bei der Ankunft refüsiren, wenn dieselbe das vereinbarte Gewicht pro Charge nicht hat, oder gegen Vergütung des fehlenden Gewichtes empfangen. Die effective Gewichtsgarantie wird nur bei jenen Lieferungsgeschäften angewendet, bei welchen der Preis der Waare pro 100 Kilogramm fixirt wird.

Ist der Preis der Waare pro Charge vereinbart, dann wird die Qualität in Kilogramm pro Charge mit einem Gewichtsmaximum und Minimum fixirt z. B. Weizen (*blé*) 130/126. Hat nun der gelieferte Weizen weniger als das Gewichtsminimum, also weniger als 126 Kilogramm pro Charge, so hat der Käufer das Recht, den Weizen zurückzustossen (*la faculté de rejeter le blé*). Ist die Qualität hingegen geringer als 130, aber mindestens 126 Kilogramm pro Charge, so muss dem Käufer der Minderwert in Geld vergütet werden, und zwar:

bei 129	Kilogramm	1	Kilogramm
„ 128	„	2	„
„ 127	„	4	„
„ 126	„	6	„

pro Charge.

Bei Roggen, Gerste, Hafer und Mais geschieht die Vergütung al pari ohne Verdopplung (*sans doublure*), also nach der Scala:

bei 129	Kilogramm	1	Kilogramm
„ 128	„	2	„

bei 127 Kilogramm 3 Kilogramm
„ 126 „ 4 „
pro Charge.

Die Differenz zwischen Gewichtsmaximum und Minimum beträgt gewöhnlich 3 bis 5 Kilogramm pro Charge.

Der amerikanische, australische und ostindische Weizen wird ohne Gewichtsgarantie gehandelt.

3. **Hâvre.**

Getreide. Das Qualtätsgewicht wird in der Regel in Kilogramm pro Hectoliter angegeben.

Ein *Réglement du marché au blé* existirt in Hâvre nicht. Die für zu liefernde Käufe erforderliche Qualität wird mit *„loyale"* (gesetzmässig) und *„marchande"* (marktgängig) bezeichnet.

Die Platz-Usancen werden alljährlich im *„Annuaire du Hâvre"* veröffentlicht.

4. **Dunkerque** (Dünkirchen).

Getreide. Im Allgemeinen bestimmt man die Qualität pro Hectoliter in Kilogramm, und können Käufer wie Verkäufer die Messung mit dem konischen Kübel (*trémie conique*) verlangen.

Auf Grund der §§. 6 und 7 der Usancen wird verkauft:

a) Prompte Waare mit „gesehen und genehmigt" (*vue et agréée*), oder „nach Muster" (*conforme aux échantillons*). Im ersteren Falle steht dem Käufer bezüglich der Qualität kein Regressrecht zu; im zweiten Falle hingegen muss eine Differenz bei der Lieferung bis zu 10°/$_0$ unter dem Kaufpreis dem Käufer vergütet werden. Ist die Differenz grösser als 10°/$_0$, so kann der Käufer den Kauf rückgängig machen.

b) Lieferungswaare mit Angabe der Provenienz muss in der Qualität mindestens übereinstimmen mit der mittleren Jahresqualität *(à la qualité moyenne de l'année)*, und ist eine Differenz unterhalb derselben bis zu 10°/$_0$ des Kaufpreises zu vergüten. Bei einer grösseren Differenz kann der Käufer den Kauf annulliren.

Note. Mit Ausnahme des Pariser Platzes hat man im französischen Mehlhandel keine speciellen Typen, sondern man bezeichnet die Qualität so wie in Deutschland und Oesterreich-Ungarn mit Nummern oder durch specielle Benennungen, wie z. B. in Dünkirchen mit „farine première" und „farine grosse" oder wie in Bordeaux mit „fleur minot", „fleur" und „fleur-résillon", oder wie in Marseille mit „farines de blé tendres" und „farines de blé durs". Amerikanisches Mehl wird auf Grund von Mustern gekauft.

G. Die Schweiz.

Bezüglich der Schweiz geben wir die einschlägigen Daten über Zürich, da diese für alle anderen Schweizer Plätze massgebend sind.

Zürich. (Getreidebörse.)

Das Qualitätsgewicht wird in Kilogramm pro Hectoliter (exact gefüllt und gestrichen) bestimmt.

a) Termingeschäft.

Termingeschäfte im Sinne der österreichischen und norddeutschen Börsen werden nicht abgeschlossen.

b) Effectivgeschäft.

Die Qualität bei den Effectivgeschäften wird auf Grund der §§. 5 bis 9 der neuen Usancen (1879) bestimmt.

Diese Paragraphe lauten:

§. 5. Die Qualität wird bestimmt: durch Benennung, oder durch Muster, oder durch Besichtigung.

§. 6. Kauf auf Benennung.

Die Qualitätsbenennung erstreckt sich:

a) Auf die Provenienz.

b) Auf die Qualität, als:

1. Gewichtsgarantie [das auf Basis des Hectoliters (exact gefüllt und gestrichen) ermittelte Effectivgewicht].
2. Prima [die Durchschnittsqualität der besten Waare des betreffenden Jahrganges].
3. Gut [gute, gesunde, trockene Waare *(bonne qualité marchande et loyale)*, welche nicht über 3% Zusatz enthält].
4. Mittel [gesunde, trockene Waare *(qualité marchande et loyale)*, welche nicht über 5% Zusatz enthält].
5. Gering [gesunde, mindere Waare].

Zusatz ist Alles, was nicht gesundes Korn der betreffenden Waarengattung genannt wird. Der Procentsatz desselben wird durch Abwägen ermittelt. Ist die Herkunft oder der Jahrgang nicht besonders bezeichnet, so gilt als lieferungsfähig das Product eines jeden Landes und Jahrganges, welches den Anforderungen von *b)* entspricht.

§. 7. Kauf auf Muster.

Bei Verkäufen nach Muster gilt in Streitfällen als massgebendes Muster:

a) dasjenige, welches durch keine Partei beanständet wird;

b) dasjenige, welches dem Käufer von dem Verkäufer versiegelt oder in ähnlicher Weise gehörig verschlossen übergeben wurde, sofern der Verschluss unverletzt geblieben ist;

c) dasjenige, welches von beiden Contrahenten versiegelt oder in ähnlicher Weise gehörig verschlossen dem Börsenvorstande oder einem Dritten zur Aufbewahrung übergeben wurde und dessen Verschluss unverletzt geblieben ist.

Bei einem Kaufe auf Typemuster hat die Waare im Allgemeinen dem Muster bis auf einen Minderwert von 25 Centimes pro 100 Kilogramm zu entsprechen.

§. 8. Minderqualität.

Ergibt sich bei Käufen auf Benennung oder auf Muster eine Minderqualität, so ist, wenn dieselbe 1 Franken pro Meter-Centner nicht übersteigt, der Käufer zwar zur Uebernahme verpflichtet, jedoch berechtigt, den Minderwert bis zu 50 Centimes pro Meter-Centner einfach und die Differenz über 50 Centimes bis zu 1 Franken doppelt pro 100 Kilogramm abzuziehen. Bei einem Minderwert von mehr als 1 Franken pro Meter-Centner hat der Käufer dagegen die Wahl, die Waare unter Abzug des constatirten Minderwertes, plus 75 Centimes pro Meter-Centner Entschädigung, anzunehmen oder zu refüsiren.

Vor Schiedsgericht hat der Käufer eine diesfällige Erklärung bei der mündlichen Verhandlung abzugeben. Im Falle der Refüsirung treten bei Lieferungsgeschäften die Wirkungen der §§. 12 und 20, und bei Verkäufen von disponibler Waare der §. 20 allein, in Kraft.

§. 9. Kauf und Besichtigung.

Ist bei Käufen auf Besichtigung die Waare vom Käufer besichtigt und anerkannt, so ist eine Reclamation gegen deren Qualität nicht mehr zulässig.

H. Vereinigte Staaten von Nordamerika.

Massgebend für die vereinigten Staaten von Nordamerika sind die Qualitäts-Usancen der New-Yorker Productenbörse, welche wir im Folgenden mittheilen.

New-York (Productenbörse).

Getreide. Das Qualitätsgewicht wird in amerikanischen (englischen) Pfunden pro Bushel (35·238 Liter) bestimmt.

Die Classificirung[1]) oder Gradirung des Getreides ist folgende:

a) Winter-Wheat (Winter-Weizen).

Extra weisser soll sein	hell, gesund, trocken, dick und gut gereinigt.
Nummer 1 weisser „ „	gesund, trocken und ziemlich rein.
„ 2 „ „ „	gesund, nicht mehr tauglich als Nummer 1.
„ 3 „ „ „	gesund, nicht mehr tauglich als Nummer 2.
„ 1 Amber (bernsteingelber) soll sein	hell, gesund, trocken, dick, gut gereinigt.
„ 2 „	soll bestehen aus gesundem Amber W. W., der nicht mehr als Nummer 1 tauglich ist und nicht über 10% weissen Weizen enthält.

[1]) Wir theilen diese Daten aus dem Jahrbuche der New-Yorker Productenbörse ausführlich mit, damit der europäische Getreidehändler sich ein klares Bild über diese Classificirung machen kann, auf welcher der grossartige, amerikanische Getreidehandel basirt.

Nummer 1 Red (rother) soll sein gesund, trocken, dick, gut gereinigt.
" 2 " soll sein gesund, trocken, ziemlich rein und nicht über 10% weissen Weizen enthalten.
" 3 " soll sein gesunder Winter-Weizen, der nicht mehr als Nummer 2 Red oder Amber taugt.

Rejected Winter Wheat (zurückgewiesener W. W.) begreift jeden handelbaren Weizen, der nicht mehr als Nummer 3 sich classificiren lässt.

Mixed Winter Wheat (gemischter W. W.) ist weisser und rother gemischt und soll der Qualität Nummer 2 entsprechen.

b) Spring Wheat (Frühjahrs Weizen).

Nummer 1 soll gesund, gut gereinigt sein und nicht unter $58\frac{1}{2}$ Pfd. pro Bushel wiegen.
" 2 soll gesund, ziemlich gereinigt sein und nicht unter $56\frac{1}{2}$ Pfd. pro Bushel wiegen.
" 3 untauglich als Nummer 2 und nicht leichter als $53\frac{1}{2}$ Pfd. pro Bushel.

Anmerkung. Die Qualitäten „Northwest Spring Wheat" begreifen jene Weizengattungen in sich, die im Nordwesten gewachsen sind und in Farbe und Charakter möglichst übereinstimmen mit den Milwaukee- und Duluth-Qualitäten (siehe pag. 36).

Steamer Spring Wheat (dampfender Frühlingsweizen) stimmt mit den obigen Qualitäten überein, nur ist er etwas weicher und feucht.

Rejected Spring Wheat, jeder handelbare Weizen unter Nummer 3.

c) Corn (Mais).

Weisser Nummer 1 soll sein gesund, trocken, dick und gut gereinigt.
" " 2 nur ziemlich rein, in Korn und Farbe etwas unter Nummer 1.

Yellow (gelber) so wie weisser Nummer 1.

Mixed (gemischter) Nummer 1, gewählte Qualität, gesund, trocken, ziemlich rein.
" " " 2, gesund, trocken, ziemlich rein.

Low Mixed Corn, Qualität unter Nummer 2.

Steamer-Corn (dampfender Mais), wie obige Qualitäten, aber etwas weicher und feucht, jedoch cool (kühl).

Corn Nummer 3, jeder gemischte Mais, der weich, feucht, nicht beschädigt und unter „Steamer Qualität" ist.

d) Rye (Roggen).

Nummer 1 gesund, dick, gut gereinigt.
" 2 gesund, ziemlich rein und ziemlich frei von anderem Getreide.

e) Barley (Gerste).

Extra Canada, helle, natürliche Farbe, dick, gesund, gut gereinigt und nicht unter 49 Pfd. pro Bushel.
Nummer 1 " Farbe wie Extra, nur 48 Pfd. pro Bushel.
" 2 " darf leicht gefärbt sein, sonst gesund, ziemlich rein, nicht unter 46 Pfd. pro Bushel.
" 3 " wie 2, zu Malz geeignet, nicht unter 44 Pfd. pro Bushel.

Ausserdem noch „State Barley" Nummer 1, 2 und 3 mit den Qualitätsgewichten 48, 46 und 44 und dann „Western Barley" Nummer 1, 2, extra 3 und 3, und dann noch „Rejected", die unter Nummer 3 rangirt.

f) Oats (Hafer).

Extra weisser, hell, gesund, ziemlich rein, frei von anderem Getreide und nicht unter 32 Pfd. pro Bushel.

Nummer 1 weisser, $^{7}/_{8}$ weiss, sonst wie extra und nicht unter 31 Pfd. pro Bushel.

„ 2 „ sonst wie Nummer 1, jedoch nur 28 Pfd. und darüber pro Bushel.

„ 3 „ im ganzen weiss und unter Nummer 2.

Ausserdem Hafer Nummer 1, 2 und 3 mit den Qualitätsgewichten 32, 29 und weniger pro Bushel.[1])

Mehl. Die Qualität des Mehles wird gewöhnlich durch die beiden Marken „Superfine flour" und „Extra flour" bestimmt.

Jede Ladung Getreide oder Mehl, die in New-York ankommt, sei es in einem Eisenbahnwaggon oder in einem Erie-Boote, muss, bevor sie in den Elevator oder in ein Schiff verladen wird, classificirt oder gradirt werden. Diese Classification wird durch eigens hierfür bestimmte Inspectoren vorgenommen. Dieselben haben sich genau nach dem für sie festgestellten Reglement zu halten und beziehen für ihre Mühewaltung eigene fixe Inspectionsgebühren. An der Spitze der Inspectoren steht der Chef derselben „Inspector-in-Chief", welcher von dem „Committee on grain" bez. von dem „Committee on flour" der Productenbörse ernannt wird und der dann die ihm unterstehenden Inspectoren selbst bestellt. Die Inspectionsgebühren betragen pro Waggon-Ladung 20 Cents und für jedes Canalboot 2 Dollars.

---

[1]) Die Classification des Getreides in Chicago weicht nur unwesentlich von der in New-York ab. Die Differenzen sind folgende: bei Winter-Weizen unterscheidet man in Chicago langen, rothen Winter 1 und 2, und rothen Winter 1 und 2; bei Frühjahrs-Weizen ausser obigen 3 Nummern noch harten 1 und 2, und bei Mais hat man noch die Qualitäten: gedörrter Mais, Nummer 2 und neuer, gemischter Mais, $^{3}/_{4}$ gelb.

Die Inspectionsgebühren in Chicago betragen:

Für Getreide		
ab Waggon pro Waggonladung	10	Cents
„ Canalboot pro 1000 Bushels	25	„
zum Schiff „ 1000 „ .	30	„
in Säcken pro Bushel	$^{1}/_{4}$	„
Für Mehl pro Barrel	2	„
„ „ „ Sack	1	„

V. Preisnotirung und Verkaufs-Usancen im Getreide- und Mehl-Handel.

A. Länder mit regelmässigem Export.

1. **Vereinigte Staaten von Nordamerika.** Diese nehmen unter den exportirenden Staaten nicht nur den ersten Platz ein, sondern dieselben dominiren auch bereits die europäischen Getreidemärkte. Der Export von Weizen, Weizenmehl und Mais hat in den letzten Jahren geradezu riesige Dimensionen angenommen [1]).

Das Hauptgebiet der Getreideproduction der Union liegt in den Binnenstaaten des Mississippibeckens und zwar für Weizen im Norden gegen die grossen Seen zu, für Mais weiter im Süden. Der Hauptplatz, heute der erste Getreidemarkt der Welt, ist Chicago im Staate Illinois, in der Südecke des Michigansees, mithin an der directen Wasserstrasse nach Europa. An den Seen liegen noch ferner die Getreideplätze: Milwaukee im Staate Wisconsin, Duluth im Staate Minnesota, Detroit im Staate Michigan, Toledo und Cleveland im Staate Ohio. Im Inneren sind von besonderer Wichtigkeit St. Louis unterhalb des Zusammenflusses von Mississippi und Missouri, im Mittelpunkte des grossen Culturgebietes der Union, und St. Paul am Oberlauf des Mississippi. Kansas City am Missouri ist ein wichtiger Eisenbahnknotenpunkt nach Chicago, St. Louis und New-York. Alle diese Plätze sammeln die grossen Getreidevorräthe und verfrachten dieselben entweder direct nach Europa oder geben sie an die atlantischen Häfen New-York, Baltimore, Philadelphia oder Boston ab. St. Louis hat ausserdem noch die Wasserstrasse nach New-Orleans und verfrachtet bedeutende Quantitäten über diesen Hafenplatz nach Europa. St. Paul ist von besonderer Wichtigkeit

[1]) Vom 1. Juli bis 31. Dec. 1881 wurden aus allen Häfen der Vereinigten Staaten exportirt: 61,701,649 Bushels Weizen und 2,925,734 Barrels Mehl. In der gleichen Zeitperiode 1880 war der Export um circa 50 % noch höher.

für den Mehl-Export nach Europa, indem es den Mittelpunkt der amerikanischen Mühlen-Industrie bildet und jährlich direct ungeheure Quantitäten Mehl nach Liverpool[1]) exportirt. San Francisco in Californien ist von besonderer Wichtigkeit für die pacifischen Länder Amerikas, Asiens und Australiens; ausserdem erscheint der californische Weizen auch auf den europäischen Märkten.

Die Vereinigten Staaten exportiren am meisten nach England, dann nach Belgien, Frankreich, Deutschland, Brasilien u. a.

Bezüglich der Qualitätsgewichte und der Classificirung siehe pag. 33.

Der Preis des Getreides wird für das amerikanische Bushel in Dollars und Cents fixirt. Man rechnet hierbei das Bushel Weizen zu 60, das Bushel Mais und Roggen zu 56, das Bushel Gerste zu 48 und das Bushel Hafer zu 32 engl. Pfunden. Eine Ausnahme von dieser Notirung macht nur San Francisco, welches Getreide pro Cental (= 100 engl. Pfunde) notirt[2]).

Der Preis des Weizenmehles wird pro Fass (Barrel) zu 196 Pfund englisch Netto in Dollars und Cents fixirt.

Die Vereinigten Staaten von Nordamerika haben Goldwährung. Die Münzeinheit bildet der Dollar à 100 Cents = 4·20 Mark = 5·18 Francs = 4 shillings 1 p. New-York notirt mit 60 Tage nach Sicht folgende europäische Plätze: London für 1 £ in Dollars und Cents, Paris für 1 Dollar in Francs und Centimes und Berlin bez. Hamburg für 4 Mark in Cents.

Der Londoner à vista Curs wird hinreichend genau gefunden, wenn man zum 60 Tage Sichtcurs so viele Cents zuschlägt, als der jeweilige Londoner Bankdiscont Procente beträgt.

Für die europäischen Getreidemärkte sind zunächst die Preise der New-Yorker Productenbörse massgebend. Wir geben daher für diesen Handelsplatz die näheren Details.

Verkaufs-Usancen in New-York.

---

[1]) Das Mehl, verpackt in Barrels, geht von St. Paul mittelst Eisenbahn nach Duluth (155 engl. Meilen) und von da zu Wasser direct nach Liverpool. Die Fracht betrug im Herbst 1881 pro Barrel Mehl (220 Pfd. engl. Brutto) von St. Paul nach Liverpool 1·25 Dollars oder 5·27 Mark pro 100 Kilogramm.

[2]) Diese Notirung sollte allgemein in den Vereinigten Staaten eingeführt werden. Dieselbe konnte jedoch bis jetzt nicht durchdringen und wurde namentlich in dem für Europa massgebendsten Platze, in New-York, abgelehnt.

Artikel 24 der „Rules regulating the Provision Trade among members of the New-York Produce Exchange.“ Getreide-Geschäfte sind folgenden Vorschriften unterworfen:

1) Wenn nichts anderes bestimmt, sollen sich alle Kaufs- oder Verkaufsofferten für Partien von 8000 Bushels verstehen, exclusive Gerste und Hafer, welche sich pro 5000 Bushels verstehen.

2) Der Preis pro Bushel und keine kleineren Bruchtheile als $^1/_8$ Cent.

3) Ablieferungen von pr. Cassa-Verkäufen müssen vor 3 Uhr Nachm. desselben Tages geschehen.

Einfuhrzoll. Derselbe beträgt pro Bushel für Weizen 20, für Roggen und Gerste 15, für Mais und Hafer 10 Cents. Weizen- und Roggenmehl zahlen 10 Procent vom Werte als Einfuhrzoll, Hafermehl ist frei.

Obige Getreidezölle betragen pro 100 Kilogramm (4 Mark = 94 Cents gerechnet) für Weizen 3·13, für Gerste 2·52 und für Mais 1·68 Mark. Für Weizenmehl nach der Notirung am 17. April 1882 2·52 Mark.

Die in europäischen Blättern regelmässig publicirte „New-Yorker Depesche“ enthält die Preise für Weizen, Mais und Mehl und die Getreidefracht nach Europa (siehe pag. 96).

Am 17. April 1882 lautete diese Depesche: „Rother Winter-Weizen loco 1·50$^1/_2$, Mais, neuer, 96$^1/_2$, Mehl, extra fein, 5·30.“ London notirte in New-York 4·86$^1/_2$, 2$^1/_2$ % und in Berlin notirte London à vista 20·43. Wie stellen sich die Paritäten pro 1000 Kilogramm in Mark.

Die Paritäten erhält man aus folgenden Kettensätzen:

Mark x	1000 Kilogramm Weizen
0·4536	1 engl. Pfund
60	1·505 Dollars
4·89	1 £ à vista
1	20·43 Mark
x =	231·03 Mark

Mark x	1000 Kilogramm Mais
0·4536	1 engl. Pfund
56	96·5 Cents
489	1 £ à vista
1	20·43 Mark
x =	158·7 Mark

Mark x	100 Kilogramm Mehl
0·4536	1 engl. Pfund
196	5·30 Dollars
4·89	1 £ à vista
1	20·43 Mark
x =	24·91 Mark.

Dieselben können jedoch aus den auf pag. 109 bis 111 zusammengestellten Tabellen und aus Tabelle pag. 124 direct entnommen werden.

a) Weizen. Die Tabelle „New-York, London“ (pag. 110 u. 111) gibt auf Grund des à vista-Curses von London in New-York den Preis für Weizen pro Imperial-Quarter (zu 480 Pfund englisch gerechnet) in Shillings und Pence, also unmittelbar den Preis für die Londoner Notirung.

Mit Hilfe dieser Zahl (Shillings und Pence) gibt dann die Tabelle „England“ auf der unmittelbar darauf folgenden Seite direct die Parität für Deutschland, also pro 1000 Kilogramm in Mark, basirt auf den à vista-Curs von London in Berlin.

Den praktischen Gebrauch möge folgendes Beispiel zeigen: Nach obiger Depesche notirte Weizen $1{\cdot}50^1/_2$ und London in New-York $4{\cdot}86^1/_2$, $2^1/_2$ %$_0$, mithin à vista (siehe die oben angegebene praktische Regel) 4·89. Wir lesen nun in Tabelle pag. 111 für 1·50 und 4·89 die Parität 49 Sh. 1 P. und für 1·51 die Parität 49 Sh. 5 P., mithin für $1{\cdot}50^1/_2$ als Parität 49 Sh. 3 Pence.

London notirte am gleichen Tage in Berlin 20·43. Die Tabelle auf der nächsten Seite, pag. 112, gibt uns sofort für 49 Shillings und den Curs 20·43 die Parität 229·9 und hiezu die Correctur für 3 Pence mit 1·2 Mark, als gesuchte Parität 231·1 Mark.[1])

Interessant ist die Frage: „Welcher Preisdifferenz nach Berliner Notirung entspricht eine Preissteigerung von 1 Cent bei Weizen in New-York?“ Ein Blick auf Tabelle pag. 111 zeigt uns, dass eine Differenz von 1 Cent bei Weizen in New-York einer Differenz von 4 Pence nach der Londoner Notirung entspricht, und die letzten drei Zeilen der Tabelle pag. 112 sagen uns, dass die Differenz fur 4 Pence circa 1·6 Mark beträgt. Man kann daher sagen:

1 Cent Preisdifferenz pro amerikanischem Bushel Weizen entspricht circa 1·6 Mark pro 1000 Kilogramm.

b) Mais. Nach obiger Depesche notirte Mais $96^1/_2$ und Berlin am gleichen Tage in New-York $95^1/_4$, 3 %$_0$, mithin à vista 95·85. Die auf pag. 109 publicirte Tabelle gibt für 96 und den à vista Curs 95·50 die Parität 158·3 und für den à vista Curs 96 die Parität 157·5. Wir erhalten also für den à vista Curs 95·85 die Parität 157·9 und hiezu die Correctur für $^1/_2$ Cents mit 0·8 Mark, gibt als Parität für $96^1/_2$ Cents 158·7 Mark, wie oben ausgerechnet wurde. Diese Parität kann bei nur einiger Uebung direct aus der Tabelle herausgelesen werden.

c) Mehl. Für diesen Artikel haben wir, da dessen Export nach Europa immer grössere Dimensionen annimmt und namentlich die österr.-ungar. Mehlausfuhr sehr bedroht, ebenfalls Paritäts-Tabellen berechnet. Dieselben sind genau so eingerichtet, wie die sub a) für Weizen besprochenen Tabellen.

Nach obiger Depesche notirte Mehl 5·30. Tabelle pag. 124 gibt uns (Londoner à vista-Curs in New-York 4·89) die Parität für die englische Notirung mit 31 Shillings — Pence und mit Hilfe dieser Zahl erhalten wir aus der Tabelle auf der nächsten Seite für den Londoner à vista-Curs in Berlin 20·43 die Parität für Deutschland, also für 100 Kilogramm mit 24·91 Mark.

Die Einrichtung der Tabellen für Weizen und Mehl in der von uns gewählten Form hat den Vortheil, dass man gleichzeitig ohne besondere Rechnung auch die englische Pa-

[1]) Dass die hier erhaltene Parität um 7 Pfennige grösser ist, als die obige durch die Kette direct gefundene, hat darin seinen Grund, dass 2 Tabellen benützt werden müssen, in denen die Resultate auf Zehntel-Mark abgerundet sind.

rität mit erhält, welche bei der grossen Bedeutung der englischen Märkte für Weizen und Mehl immer von besonderem Werte ist.

2. **Russland.** Die wichtigsten Handelsplätze für Getreide und Mehl sind im Norden: St. Petersburg, Riga, Reval und Liebau, welch' letzter Platz in neuester Zeit immer mehr in Vordergrund tritt; dann Moskau, Warschau und im Süden: Odessa, Nicolaiew, Kertsch und Taganrog.

Getreide wird jetzt in Russland nach Gewicht verkauft und zwar pro Pud (40 russische Pfunde = 16·38 Kilogramm) in Kopeken[1]).

Das Qualitätsgewicht wird im südlichen Russland in Pud und russischen Pfunden pro Tschetwert, in den Ostsee-Provinzen in holländischen Troypfunden pro holländischen Zak bestimmt (siehe Abschnitt III, pag. 11).

In beiden Fällen gibt man dasselbe auf ganze Pfunde an. Z. B.: Roggen 8„31 schwer, heisst: Roggen, der pro Tschetwert 8 Pud 31 russische Pfunde wiegt; oder Roggen 120pfündig, heisst: Roggen, der pro holländischen Zak 120 holländische Pfunde wiegt.

Bei Effectivgeschäften wird gewöhnlich nach Muster gekauft. Trotzdem wird in der Factura fast immer das Durchschnitts-Qualitätsgewicht angegeben, und zwar manchmal sogar bis auf Zehntel-Pfunde. Bei Lieferungsgeschäften wird ein bestimmtes Qualitätsgewicht vereinbart und muss die Waare demselben dann entsprechen.

Mehl notirt man in Russland gewöhnlich auch pro Pud in Kopeken. Ausserdem notirt man Weizenmehl häufig pro 5 Pud Brutto für Netto, da dasselbe ausschliesslich in Säcken à 5 Pud Brutto verpackt und versandt wird. Roggenmehl, in welchem in Russland ein bedeutendes Geschäft stattfindet, wird hingegen nur in Kuhlen à 9 Pud Brutto verpackt und versandt, und daher sehr häufig auch pro 9 Pud Brutto für Netto notirt.

---

[1]) Bis vor wenigen Jahren notirte man noch allgemein pro Tschetwert in Rubel. Heute findet man diese Notirung nur mehr in der Petersburger Depesche. Hierbei rechnet man gewöhnlich

den Tschetwert	Weizen	zu	10	Pud,
„ „	Roggen	„	9	„
„ „	Gerste	„	7 bis 8	„
„ „	Hafer	„	6	„

In Russisch-Polen verkauft man Getreide auch noch hie und da nach dem alten polnischen Scheffel (Korzec) = 123 Liter = 2 Wiener Metzen und rechnet hierbei

den Scheffel	Weizen	= 240	russ.	Pfunde,
„ „	Roggen	= 230	„	„
„ „	Gerste	= 210	„	„
„ „	Hafer	= 140	„	„

Die Säcke müssen immer gratis geliefert werden.

Courtage: $1/2$ Procent. Commission: 2 Procent.

Export. Russland exportirt Weizen hauptsächlich nach Grossbritannien, Frankreich und Deutschland, Roggen nach Deutschland, Grossbritannien und Holland und Mehl vorzugsweise nach der Türkei, Aegypten, Schweden und Norwegen.

Einfuhrzoll. Getreide jeder Art mit Ausnahme von Reis ist zollfrei. Mehl, Malz und Grütze sind zollpflichtig und zwar beträgt der Zoll für Mehl pro Pud

aus Weizen, Spelz, Erbsen und Bohnen	7	Kop.
„ Roggen, Gerste und Mais	4	„
„ Hafer und Buchweizen	3	„

nebst einem Zuschlage von 10 Procent. Der Zoll ist in Gold zu entrichten. Die zollamtliche Tara beträgt für Mehl in Fässern verpackt 10 %, in einfachen Säcken 2 und in doppelten 4 %.

Russland hat eine Silberwährung. Die Einheit ist der Rubel à 100 Kopeken. Die herrschende Valuta ist jedoch eine Papiergeldwährung, nämlich die sogenannten „Reichscreditbillets“, kurz Papierrubel, welche Zwangscurs haben und in denen alle kaufmännischen Zahlungen geleistet werden.

Curs in Berlin: pro 100 Papierrubel in Mark.

Curse in Odessa:

London, 3 Monate pro £ in Papierrubel.
Paris, 3 „ „ 100 Papierrubel in Francs.
Wien, 3 „ „ 100 „ „ Gld. österr. Währ.

Curse in Petersburg:

London, 3 Monate pro Papierrubel in Pence.
Paris, 3 „ „ „ „ Centimes.
Amsterdam, 3 „ „ „ „ holländischen Cents.
Berlin, 15 Tage dato pro Papierrubel in Pfennigen.

Zur Vergleichung der russischen Getreide- und Mehlnotirungen dienen die Paritäts-Tabellen auf pag. 126 bis 137. Dieselben geben aus der Notiz „pro Pud in Kopeken“ die gleichwertige Notiz für 1000 Kilogramm in Mark für die Papierrubel-Curse in Berlin von 186 bis 232 Mark.

Die Rubelcurse gehen von 2 zu 2 Mark und können die Paritäten für zwischenliegende Curse sehr leicht aus den Tabellen heraus gelesen werden. Z. B.: Riga notirte am 28. März 1882 Roggen 118; Papierrubel in Berlin standen 207. Wie stellt sich die Parität für 1000 Kilogramm in Mark?

Tabelle pag. 129 gibt uns für den Papierrubel-Curs 206 die Parität 148·40 und für den Curs 208 die Parität 149·84; es entspricht daher dem Papierrubel-Curs 207 die Parität 149·12, was bei nur einiger Uebung wohl gleich unmittelbar aus der Tabelle heraus gelesen werden kann.

3. **Oesterreich-Ungarn** notirt Getreide für 100 Kilogramm Netto exclusive Sack, in Gulden österr. Währ., netto Cassa ohne Abzug (Sconto)

und Mehl für 100 Kilogramm Brutto für Netto, inclusive Sack, in Gulden österr. Währ.

Qualitätsgewicht siehe pag. 15—19.

Devisencurse: à vista

Amsterdam	pro	100 fl. holl.	in Gulden österr. Währ.
Brüssel	„	100 Frcs.	„ „ „ „
Deutsche Bankpl.	„	100 Mark	„ „ „ „
London	„	10 £	„ „ „ „
Paris	„	100 Frcs.	„ „ „ „
Zürich	„	100 Frcs.	„ „ „ „

Oesterreich-Ungarn exportirt Getreide nach der Schweiz, Grossbritannien, Deutschland, Frankreich, Belgien etc. und Mehl hauptsächlich via Triest und Fiume nach England, Frankreich, Brasilien und nach dem Orient, und via Regensburg nach Belgien und Holland. Die Verpackung des für den Export bestimmten Mehles geschieht *a*) nach Grossbritannien in Ballen à 280 Pfund englisch = 127 Kilogramm; *b*) nach Brasilien in Fässern (Barils) à 156 Wiener Pfund = 192 Pfund englisch Netto, und *c*) nach allen übrigen Ländern in Ballen à 100 Kilogramm Brutto für Netto.

Einfuhrzoll. Nach dem allgemeinen Zolltarif für das österreichisch-ungarische Zollgebiet, welcher mit 1. Juni 1882 in Kraft getreten ist, wird auf Getreide und Mehl ein Einfuhrzoll erhoben und zwar beträgt derselbe pro 100 Kilogramm in Gulden Gold: für Weizen, Spelz, Halbfrucht, Heidekorn und Hirse 0·50, für Roggen, Gerste, Hafer und Mais 0·25 und für Mehl- und Mahlproducte aus Getreide und Hülsenfrüchten 1·50.

Anmerkung. Getreide im Grenzverkehre aus Rumänien ist nach Maassgabe der Handelsconvention mit Rumänien vertragsmässig frei. Nach Artikel VII des neuen Zollgesetzes vom 25. Mai 1882 ist die Regierung ermächtigt, in Fällen schlechten Ernteausfalles im Inlande die Zölle für alle oder einzelne Fruchtgattungen zeitweilig an allen oder einzelnen Grenzen ausser Kraft zu setzen.

Die Nebengebühren beim Zollverfahren betragen nach Artikel XVI:

1. Das Waggeld 5 Kreuzer pro 100 Kilogramm Brutto.
2. Das Siegelgeld 2 Kreuzer für jedes angelegte Blei und 1 Kreuzer für jedes angelegte Wachssiegel.
3. Das Zettelgeld 10 Kreuzer.

Die Nebengebühren sind ebenfalls in Gold zu bezahlen.

Bezüglich der einzelnen Plätze sei Folgendes bemerkt:

1. Wien. Frucht- und Mehlbörse.

Courtage: Bei Effectivgeschäften $^1/_2$ %, bei Termingeschäften $^1/_4$ % vom Werte, sowohl vom

Käufer als auch vom Verkäufer zu bezahlen. Commission 1 bis 2 %.

Schluss: 500 metrische Centner (1000 Zollcentner).

„Circa“ (§. 8 der Usancen) gibt dem Verkäufer das Recht, 5 % mehr oder weniger zu liefern, wobei dieses mehr oder weniger nach dem Tagespreise zur Zeit der Lieferung zu verrechnen ist.

„Waggonladung“ sind 100, „kleine Waggonladung“ 50 metrische Centner (§. 9).

Bei Auswechslung der Schlussbriefe ist der Käufer verpflichtet, an den Verkäufer ein Angeld in Barem zu leisten, und zwar einen Gulden pro 100 Kilogramm (§. 59).

Gutgewicht 50 Decagramm pro Abwage von 400 bis 700 Kilogramm auf einer Decimalwage (§. 94).

Die Säcke sind vom Käufer franco des Lieferortes zu senden.

2. Pest. Waarenbörse.

Courtage: Bei effectiven Geschäften 3 kr., bei Termingeschäften 2 kr. pro 100 Kilogramm zu bezahlen vom Käufer und auch vom Verkäufer.

Schluss: 500 metrische Centner bei Getreide und 200 Ballen (à 100 Kilogramm) bei Mehl.

„Circa“ (§. 28 der Usancen) gibt dem Verkäufer das Recht, 5 % mehr oder weniger zu liefern, wobei dieses mehr oder weniger zum Tagespreise regulirt werden muss.

Gutgewicht 50 Decagramm pro Abwage von 400 bis 700 Kilogramm (§. 60).

3. Triest. Waarenbörse.

Courtage: ½ %. Provision: 2 %.

Das Angeld gilt in Triest nicht als Abstandsentschädigung (*pena di recesso*); das Rücktrittsrecht wird nur durch den Ausdruck „Premio perdùto“ zugestanden (§. 67).

Schluss: 500 Hectoliter.

Unter der Clausel „beiläufig“ (circa) versteht man eine Nachsicht zu Gunsten des Verkäufers bis zu 5 % über oder unter der Quantität des Abschlusses (§. 9).

Wenn Mehl in Fässern verpackt ist, wird der Preis pro Fass festgesetzt und zwar incl. Fass. franco Magazin des Käufers oder Riva. Diese Fässer enthalten 192 Pfund engl. (87·36 Kilogramm nach den Triester Usancen) Netto (§. 70, 4.).

4. Prag. Waaren- und Effectenbörse.

Courtage: 2 kr. pro 100 Kilogramm (für Hafer nur 1½ kr.), zahlbar vom Käufer.

„Circa“ gibt dem Verkäufer das Recht, 5 % mehr oder weniger zu liefern, doch muss die Differenz zum börsenmässigen Tagespreise regulirt werden. Bei Schlüssen „von — bis“ (z. B.: 900 bis 1000 Meter-Centner) muss der Liefernde mindestens das kleinste, kann aber je nach seiner Wahl bis zum grössten Quantum liefern (§. 11 der Usancen).

Die Säcke hat, wenn ab Station verkarft wird, der Käufer, im Platzverkehre der Verkäufer beizustellen.

Der Käufer hat sie in diesem Falle binnen acht Tagen zurückzustellen, widrigens die usuelle Leihgebühr mit ⅕ kr. pro Tag und Stück zu entrichten (§. 28 der Usancen).

5. Czernowitz. Frucht- und Productenbörse.

Courtage: $^1/_2$ % von den beiden Contrahenten zu gleichen Theilen. Für blosse Eintragung und Ausfertigung der Schlussnoten 2 fl. pro Schluss. Commission: 2 % (ohne Delcredere).

Schluss: 500 metrische Centner.

„Circa“, „Waggonladung“ und „kleine Waggonladung“ haben dieselbe Bedeutung, wie bei Wien.

Bei Auswechslung der Schlussbriefe hat Käufer dem Verkäufer ein Angeld in Barem zu leisten und zwar bei Weizen 2 fl., für sonstiges Getreide 1 fl. pro 100 Kilogramm.

6. Linz. Fruchtbörse.

Courtage: 2 kr. pro 100 Kilogramm, zahlbar vom Käufer und vom Verkäufer.

Anmerkung. Die bei „Wien“ pag. 43 mitgetheilten Bestimmungen der Usancen gelten auch für Linz.

Die Preise der österreichisch-ungarischen Getreidemärkte sind für Deutschland von besonderer Wichtigkeit. Wir haben daher auf pag. 138 bis 145 Paritätstabellen zusammengestellt, welche aus der Notiz „pro 100 Kilogramm in Gulden österr. Währung“ die gleichwertige Notiz „pro 1000 Kilogramm in Mark“ für die verschiedenen Curse der österr. Banknoten in Berlin geben.

Die Preise gehen von 5 bis 15 Gulden österr., in Intervallen von 10 zu 10 Krenzer, und die Curse der österr. Banknoten in Berlin von 186 bis 232 in Intervallen von 2 zu 2 Mark. Der Preis kann in den Tabellen immer direct gefunden werden, da die österr. Märkte in der Regel von 10 zu 10 Kreuzer notiren; die Paritäten für zwischenliegende Banknoten-Curse sind ebenfalls sehr leicht zu finden, z. B.: Am 14. April 1882 notirte Hafer in Wien 7·70 und österr. Banknoten in Berlin 170·80. Wir lesen in Tabelle pag. 140
für den Banknotencurs 170·50 die Parität 131·28
„ „ „ 171·00 „ „ 131·67
Es gibt daher eine einfache Kopfrechnung uns für den Curs 170·80 die Parität 131·52 Mark, was bei nur einiger Uebung ohne jede Schwierigkeit direct aus der Tabelle herausgelesen werden kann.

4. **Untere Donauländer**. Diese exportiren hauptsächlich Weizen, Mais, Gerste und theilweise auch Roggen. Die Hauptabsatzgebiete sind England, Frankreich, Italien und die Schweiz. Nach Oesterreich-Ungarn wird ebenfalls ein nicht unbedeutendes Quantum exportirt, um von dort theils direct, theils als Mehl wieder ausgeführt zu werden.

a) Die europäische Türkei.

Getreide notirt pro Kilé[1]) in Piastern Gold.

---

[1]) Das Kilé ist in den einzelnen Handelsplätzen verschieden. Siehe hierüber pag. 2.

Qualitätsgewicht siehe pag. 25.

In Konstantinopel wird $1/2\%$ Courtage und 8% Mauth gerechnet.

In Salonichi wird gewönlich der Preis frei an Bord gestellt, die Contracte auf Lieferung geschlossen und bei Ertheilung der Commission über die Hälfte des Preises auf den Committenten 3 Monate à dato trassirt, der Rest hingegen ebenfalls 3 Monate à dato im Augenblicke der Uebermittelung des Frachtscheines.

Mehl notirt in Konstantinopel pro Sack von 60 Oka (= 76·9 Kilogramm) Brutto für Netto in Piastern Gold, zahlbar comptant oder auch auf 3 Monate Zeit.

Courtage: 1 Piaster Gold pro Sack. Commission: 2%. Für Magasinage rechnet man $1/2$ Piaster Gold pro Sack und Monat, Delcredere $1/2$ bis 1%, Debarquement $3/4$ bis 1 Piaster Gold pro Sack. Mehl hat einen Einfuhrzoll von 8% Silber mit einem Nachlasse von 10%, mithin $7·2\%$ Netto ad valorem.

Die Türkei rechnet nach Piaster à 40 Para. Die türkische Lira (Medjidié Gold) ist = 100 Piaster Gold = 18·30 Reichsmark = 22·60 Francs. Im Handel wird die Goldlira gewöhnlich zu 103 Piaster Gold gerechnet. Die türkische Goldlira notirt in Wien unter den Valuten für ein Stück in Gulden öst. Währ. (am 2. Mai 1882 mit 10·81). Die deutschen Plätze notiren dieselbe nicht.

Die Türkei importirt nur geringe Quantitäten feine Weizenmehle aus Oesterreich-Ungarn via Donau oder via Triest, und Waare 3. Qualität[1]) theilweise aus Russland. 90% des Consums werden durch die inländischen Mühlen gedeckt.

Beispiel. Weizenmehl 1. Qualität notire 145; die Goldlira in Wien 10·80. Wie stellt sich die Parität pro 100 Kilogramm in Gulden ö. W.

ö. W. fl. x.	100 Kilogramm
100	78 Oka
60	145 Piaster Gold
103	10·80

x = 19·765 fl. ö. W.

b) Rumänien.

Jassy [2]) notirt Getreide pro Kilé (von Jassy) oder auch pro 300 Oka in österr. Ducaten (= 11·75 Francs gerechnet).

[1]) In der Türkei bezeichnet man die Qualität des Mehles mit 1, 2 und 3.

[2]) Mit oder ohne „Wárf" (Spitze) bedeutet in Rumänien, ob beim Messen des Getreides das Hohlmaass Dimerli oder Banitze nivellirt wird oder nicht. Gewöhnlich werden 9 Dimerli nivellirt und die zehnte mit Wárf (Aufschüttung) zugemessen.

Qualitätsgewicht siehe pag. 26.

In jüngster Zeit macht sich immer mehr die Usance geltend, pro Waggonladung (= 100 Meter-Centner) zu kaufen. Auch in Bottuschan wird schon grösstentheils pro Waggonladung geschlossen, und rechnet man im Durchschnitte gewöhnlich dort 26 Kilé auf eine Waggonladung Weizen, das Kilé aber dann zu 24 Dimerli oder Banitze (also = 4·98 Hectoliter) angenommen.

Galatz[1]) notirt Getreide pro Galatzer Kilé (Kila) in Lei noi (Francs), frei an Bord.

Qualitätsgewicht siehe pag. 26.

Curse:

London, 3 Monate, pro £ in Francs.

Valuten:

Türkische Lira gesetzlich = 22·70 Francs.
Oesterr. Ducaten „ = 11·75 „

Die Mauth beträgt gegenwärtig in Galatz pro Kilé für Mais 32, Weizen 64, Roggen 31 und Gerste 24 Centimes. Ausserdem zahlt man die Hälfte der Mauthtaxen als Stadtgebühr.

Für den Export werden häufig die Preise nach den Usancen der importirenden Länder gestellt, und zwar:

Alles franco Bord:

Nach England pro Imperial-Quarter in Shillings und Pence;
„ Frankreich, Italien, Belgien und Triest pro 100 Kilogramm in Francs;
„ Holland pro Tonne von 2100 Kilogr. in Gulden holländisch;
„ Dänemark und Schweden grösstentheils pro Imperial-Quarter in Shillings und Pence.

Braila (*Ibraila*) notirt Getreide für das walachische Kilé (Kila) theils in alten walachischen Piastern[2]) (Lei vecchi), theils in Lei noi (Francs), frei an Bord.

Qualitätsgewicht siehe pag. 26.

Man rechnet das 20 Francs-Stück zu 55 und die türkische Lira zu 63 alte walachische Piaster. Sind daher die Notirungen in alten walachischen

[1]) Bis vor Kurzem notirte man Getreide noch in Galatzer Piastern, und kostete London 3 Monate pro £ 97 bis 99 Galatzer Piaster. In der Praxis rechnet man 1 Franc = 4 Galatzer Piaster.

[2]) Der alte walachische Piaster ist = $^3/_2$ alte Galatzer Piaster.

Piastern gegeben, so braucht man dieselben nur mit $^4/_{11}$ oder 0·364 zu multipliciren und man hat die Notirung in Lei noi (Francs).

Mitte April 1882 notirte man in Braila: Weizen 85, Gerste 42, Hafer 32 Francs pro walachischer Kila. Nimmt man für Weizen ein Durchschnittsgewicht von 400 Oka = 512 Kilogramm an, so stellt sich, da 20 Francs-Stücke 16·22 in Berlin notiren, die Parität nach Berliner Usance

Mark x	1000 Kilogramm
512	85 Francs
20	16·22 Mark

auf x = 134·6 Mark.

Ausser dem Hauptplatze Braila sind in der Walachei noch folgende wichtige Donauplätze:

Oltenitza, Dampfschiff-Agentie, exportirt besonders Gerste, notirt pro walachischem Kilé (Kila) in Lei noi (Francs).

Giurgevo, Dampfschiff-Agentie, Bahnverbindung mit Bukurest, hauptsächlich Weizen und Mais, notirt pro walachischem Kilé (Kila) in Lei noi (Francs).

Zimnitza, Dampfschiff-Agentie, notirt wie die beiden früheren Plätze.

Turn-Mogurello, Dampfschiff-Agentie, mit bedeutenden Markt-Zufuhren, notirt ebenso. Bei den Effectivkäufen am Getreidemarkt wird gewöhnlich pro kleiner Kila (= $^1/_2$ walachischem Kilé) gehandelt.

Corabia und Piquet, in beiden Dampfschiff-Agentie. Die Getreidegeschäfte für Piquet werden in der Regel in Craiowa abgeschlossen, da dort die meisten Getreide-Producenten (Gutsbesitzer) ihr Domicil haben. Notirt wie die anderen walachischen Plätze

Calafat und Turn-Severin, Dampfschiff-Agentien, notiren ebenfalls pro walachischem Kilé (Kila) in Lei noi (Francs). Man rechnet russische Imperial zu 20·60, türkische Lira zu 22·70 und österreichische Ducaten zu 11·75 Francs, wie in Galatz.

An diesen Donauplätzen, von welchen mittelst Schiff bedeutende Quantitäten Weizen nach und durch Oesterreich-Ungarn verfrachtet werden, beträgt die Sensarie $^1/_2$ %, die Ufergebühr $^1/_2$ % und die Commissionäre rechnen 2 % Commission.

Mehl wird in Rumänien pro 100 Oka verkauft.

Die Qualität des Mehles wird durch Nummern bestimmt und zwar gewöhnlich von Nummer 1 bis 5. Die Versendung geschieht in Säcken à 100 Oka, doch verlautet, dass die grösseren Dampfmühlen demnächst Säcke pro 100 Kilogramm anwenden und auch den Preis pro 100 Kilogramm stellen wollen.

Einfuhrzoll besteht nicht. Die Ausfuhr von Mehl ist ebenfalls frei; hingegen zahlt Weizen 20 Centimes und alles andere Getreide 10 Centimes pro 100 Kilogramm Ausfuhrzoll.

Die pag. 146 mitgetheilte Paritäts-Tabelle gibt für die walachische Notirung von Weizen auf Basis des Curses der 20 Francs-Stücke direct die Parität für die Notirung in Berlin.

Die Paritäts-Tabelle auf pag. 147 hingegen ist für die Notirung von Getreide und Mehl pro 100 Oka in Lei noi (Francs) gerechnet.

c) Serbien. Für den Getreide- und Mehlhandel sind in Serbien von Wichtigkeit: Belgrad, Semendria, Dubrovitza, Milanovac und Radujevac (alle an der Donau gelegen) und dann Schabatz an der Save.

Die serbischen Plätze notiren Getreide und Mehl pro 100 Oka, theils in Francs (Dinars), theils noch in Piastern.

Serbien hat jetzt die Francs-Währung. Die Münzeinheit ist der Dinar (Franc) = 100 Para (Centimes). 1 Milan d'or = 20 Francs. Früher rechnete man nach Piaster und unterschied zwischen Handels- und Steuerpiaster. Der Handelspiaster hat 40 Para und ist gleich 20 Dinarpara oder Centimes. Man rechnet das 20 Francs-Stück = 100 Piaster, den österr. Ducaten = 60 Piaster = 12 Dinar (an den Staatskassen jedoch nur 11·75 Dinar), den russischen Imperial = 103 Piaster und die türkische Goldlira = 115 Piaster. Der Steuerpiaster ist gleich 2 Handelspiaster.

Die Geschäfte werden theils gegen Cassa, theils auf Credit abgeschlossen. Courtage und Commission wird nicht berechnet, da eine börsenmässige Notirung nicht stattfindet.

Die Qualität des Mehles wird nach Nummern bestimmt. Die grösseren Mühlen haben die Nummern 0 bis 8, die kleineren die Nummern 00, 0 bis 4. Das Mehl wird in Säcken zu 60, theilweise auch zu 50 Oka verpackt. Häufig werden auch die Preise pro Sack gestellt. Beim Verkehr mit österr.-ungar. Mehlhändlern gewährt man 2% Cassa-Sconto.

Serbien exportirt nur bei guter Ernte und zwar Weizen. Importirt wird feines ungarisches Mehl von Nummer 0 bis höchsten 3 aus Budapest und Neusatz.

Der Ausfuhrzoll beträgt pro 100 Oka für Getreide $4^1/_2$ und für Weizenmehl (feines) $4^3/_4$ Steuer Piaster. Der Einfuhrzoll beträgt nach dem Handelsvertrage zwischen Oesterreich-Ungarn und Serbien für Getreide vorläufig 8 Procent ad valorem und für Mehl 1 Dinar (Franc) pro 100 Kilogramm.

Die auf pag. 147 mitgetheilte Paritätstabelle gibt aus der Notirung: pro 100 Oka in Dinar die Parität pro 1000 Kilogramm in Mark auf Grund des Curses der 20 Francs-Stücke in Berlin.

d) Bulgarien.

Sämmtliche bulgarische Getreideplätze rechnen nach türkischen Piastern. Die wichtigsten Plätze sind:

Rustzuk, Bahnverbindung mit Varna. Hauptexport über Varna nach Konstantinopel, notirt pro Kilé von Konstantinopel in Piastern.

Sistov, Nicopoli und Rahowa, mit Dampfschiff-Agentien, notiren pro Kilé (Kila) von Rahowa (= 3 Kilé von Konstantinopel) in Piastern.

Lom-Palanka, Dampfschiff-Agentie, kürzeste Route nach Sophia, grosser Mais-Export, notirt pro 100 Oka in Piastern; ebenso notirt Widdin, gegenüber von Calafat.

In Bulgarien beträgt der Ausfuhrzoll 1 %; ferner rechnet man 20 Francs-Stücke zu 108, russische Imperial zu 111 und die türkische Goldlira zu 120 Piaster.

5. **Britisch-Ostindien.** In Britisch-Ostindien wird Getreide pro Bazar-Maund (siehe pag. 3) in Rupien gehandelt. Für den Export aber auch häufig pro Imperial Quarter oder pro Tonne (2240 Pfund englisch) in Rupien. Die Käufe finden statt auf Grund der über Land nach Calcutta gesendeten Muster. Bei Weizen wird geschlossen: gute Durchschnittsqualität (*fair average quality*) No. 1 Club Calcutta, Nr. 2 Club Calcutta etc. Hauptgeschäft: Weizen; Hauptexport nach England.[1])

Britisch-Ostindien hat Silberwährung. 1 Compagnie-Rupie = 16 Annas à 12 Pies = $96^1/_4$ kr. österr. Währ. = 1·925 Mark. 1 Lac = 100000 Rupien, 1 Crore = 10 Millionen Rupien. London notirt in Bombay und Calcutta pro Rupie in Shillings und Pence, 3 oder 6 Monate nach Sicht.

Am 24. März 1882 notirte London in Bombay für 6 Monate Sicht 1 Shilling $8^7/_{16}$ Pence.

6. **Dänemark.** Die wichtigsten Plätze für den Getreidehandel sind in Seeland: Kopenhagen, Korsör; in Fühnen: Odense, Nyborg, Assens, Svendborg; in Jütland: Aalborg, Aarhuus, Randers und

---

[1]) Im Innern ist Delhi der Centralpunkt des Getreidehandels. Eisenbahn Delhi-Bombay 889, Delhi-Calcutta 954 engl. Meilen. Jetzt wird Weizen von Delhi via Calcutta billiger als via Bombay nach Liverpool verfrachtet. Die Calculation stellte sich im Mai 1882 pro Tonne (2240 ℔ engl.):

Preis in Delhi	60	Rupien
Fracht Delhi-Calcutta . .	$21^3/_4$	„
Spesen in Calcutta	$1^1/_2$	„
Fracht Calcutta-Liverpool	33	„

also pro Tonne ab Bord Liverpool $116^1/_4$ Rupien, d. i. 1 Rupie = 21 Pence und London in Wien 120 gerechnet fl. 12·01 pro 100 Kilogramm.

Horsens. Dänemark macht seine Getreidegeschäfte mit den importirenden Ländern direct. Es verkauft Getreide und Mehl nach Gewicht. Die Preise verstehen sich pro Centner (= 50 Kilogramm) in Kronen, comptant, ohne Sconto. Grössere Exporteure verkaufen nach Schweden für 30 Tage, nach England gegen 10tägige Tratte oder 3 Monat Wechsel auf Londoner Häuser.

In Dänemark, Schweden und Norwegen besteht die skandinavische Münzconvention. Die Münzeinheit ist die Krone Gold à 100 Oere = $1^1/_8$ Reichsmark Gold (2480 Kronen = 1 Kilogramm fein Gold). London notirt in Kopenhagen, Stockholm und Christiania für 1 Livre Sterling in Kronen und Oere, k. S. oder 90 Tage dato und Hamburg für 100 Mark k. S. oder 90 Tage dato. In Hamburg notiren dänische, schwedische und norwegische Banknoten für 100 Kronen in Mark und Pfennigen.

Kopenhagen. Getreidebörse, Geschäfte auf Grund der Schlussnoten. Termingeschäft keines.

Export hauptsächlich in Gerste, Hafer und Mehl. Weizen und Roggen wird in jüngster Zeit fast mehr ein- als ausgeführt. Weizenmehl wird nach England, Schweden und Norwegen und nach Holland exportirt.

Die Versendung von Mehl geschieht in Ballen oder Säcken, nach England 280 Pfd. engl., nach Schweden 192 Pfd. schwedisch und nach Norwegen 192 Pfd. dänisch schwer.

Die Makler-Courtage beträgt:

Für Beträge	bis	inclusive		2000	Kronen	$^5/_{12}\%$
„	„	„	„	4000	„	$^3/_{18}$ „
„	„	„	„	8000	„	$^1/_3$ „
„	„	„	über	8000	„	$^1/_4$ „

und ist sowohl vom Käufer als Verkäufer zu bezahlen. Die Commission beträgt bei Verkäufen in loco inclusive Delcredere 2%, bei Verkäufen franco Bord inclusive Delcredere 2%, exclusive Delcredere $1^1/_2\%$.

Für Schlussnoten (Slutseddel) existiren zwei Formularien: eines für Verkäufe „in loco" und eines für Verkäufe „frei an Bord" ab den Provinzstädten in Dänemark und Schweden. Die Schlussnoten enthalten gleichzeitig die im Getreidehandel geltenden Usancen, aus welchen der §. 4 über die Qualitätsbestimmung pag. 28 des Näheren mitgetheilt wurde.

7. **Algerien** (französische Colonie in Nord-Afrika mit den Hauptplätzen Algier, Philippeville und Oran).

Dieses Land, welches in der Reihe der exportirenden Staaten von Jahr zu Jahr mehr an Bedeutung gewinnt, exportirt hauptsächlich Weizen und Gerste.

Es notirt Getreide pro 100 Kilogr. in Francs.

Bei Weizen unterscheidet man gelben Weizen (blé tendre) und rothen Weizen (blé dur). Im April 1882 notirte ersterer 30 bis 31, letzterer $27^1/_2$ Francs, Gerste 18 bis $19^1/_2$ Francs. Massgebend sind die Usancen der französischen Getreidemärkte, namentlich des Marseiller Platzes (siehe pag. 30 u. 59).

Der Export findet hauptsächlich nach Spanien, Frankreich und Italien statt.

8. **Australien.** Das Hauptgeschäft findet in Weizen statt, dann zunächst Hafer und endlich Gerste. Weizen wird pro Quarter zu 480 Pfund englisch (ausnahmsweise pro 500 Pfund englisch), oder pro Bushel (Imperial) zu 60 Pfund englisch in Shillings und Pence notirt. Hafer und Gerste notirt man pro Bushel zu 50 Pfund englisch in englischem Gelde.

Die Qualität wird auf Grund der eingesendeten Muster bestimmt. Bei Weizen gilt „gute Durchschnitts-Qualität“ *(fair average quality)*.

Hauptexport nach England.

9. **Aegypten.** Hauptplätze Alexandria und Cairo.

Getreide. Dieses notirt man pro Ardeb in Tarifpiaster, Zahlung comptant, $^1/_2$% Courtage. Lieferungsverkäufe an der Börse sind sehr beliebt; man stipulirt hiebei gewöhnlich 21karatige Waare, d. h. Getreide, welches unter 24 Theilen nicht über 3 Theile fremdartige Stoffe enthalten darf. Darangeld ist 20 Piaster pro Ardeb. Hauptgeschäft Weizen. Man unterscheidet oberägyptischen (Said) und unterägyptischen (Behera).

Said wiegt durchschnittlich 310 bis 315 Rottoli pro Ardeb (75 bis 76 Kilogramm pro Hectoliter).

Behera 325 bis 330 Rottoli pro Ardeb (79 bis 80 Kilogramm pro Hectoliter [1]).

Die Hauptquantität geht nach England; ausserdem aber auch nach Marseille und in neuerer Zeit auch nach Triest. Für den Export nach England wird hauptsächlich weisser Said gesucht; derselbe ist der leichteste, 310 Rottoli pro Ardeb schwer (75 Kilogramm pro Hectoliter oder 480 englische Pfunde pro Imperial-Quarter).

Nach österreichischen Consularberichten rechnet man 1 Ardeb Weizen im Durchschnitt zu 300 Rottoli = $133^1/_2$ Kilogramm, was aber entschieden zu gering ist.

---

[1]) Man findet das Gewicht des Getreides in Kilogramm pro Hectoliter, wenn man das Gewicht in Rottoli pro Ardeb mit 0·2425 multiplicirt.

Mehl. Hauptgeschäft in inländischer Qualität. Importirt wird Mehl aus Russland und Oesterreich-Ungarn; exportirt nach Spanien, Cypern und vielen türkischen Inseln.

Inländisches Fabricat notirt in Tarifpiaster, importirtes in Francs und zwar österr.-ungar. Provenienz pro Sack von 100 Kilogramm Brutto für Netto, russische Provenienz pro Sack à 5 Pud (65 Oka oder 82 Kilogramm). Mehl in Fässern wird pro Fass von 70 Oka (192 Pfund engl. = 81·36 Kilogramm [1]) gehandelt.

Die Preise sind comptant, ohne Escompte.

Courtage: in Alexandrien $^1/_2$%, in Cairo $^3/_4$%. Bei Consignationen aus Europa rechnen die Commissionäre 2 bis 3% Provision.

Einfuhrzoll beträgt für europäisches Mehl 8%. Bei der Ausfuhr nach dem türkischen Reiche muss ebenfalls ein Zoll von 8% bezahlt werden.

Wechselcurse:

London, 3 Monate dato, pro £ in Tarifpiaster (= Piaster ägyptisches Geld).

Marseille, 3 Monate dato, Centimes Wechselbelauf für 20 Tarifpiaster.

Geldcurse:

Englische Sovereign	± $97^1/_2$	Tarifpiaster.
20 Francs-Stücke	± $77^3/_{25}$	„
20 Mark-Stücke	± $95^{21}/_{40}$	„

10. **Spanien.** Dieses Land hat abwechselnd active und passive Getreidehandels-Bilanzen. In den Jahren 1880 und 1881 war der Export von Cerealien grösser als der Import. Spanien importirt hauptsächlich Weizen und exportirt dagegen Weizenmehl. Ersterer wird vorzugsweise aus Nordamerika und Russland, theilweise auch aus Algerien bezogen; letzteres hingegen grösstentheils nach Portugal und den spanischen Colonien ausgeführt.

Der wichtigste Handelsplatz für Getreide und Mehl ist Barcelona. Ausserdem sind noch zu nennen: Santander und Bilbao an der Nordküste und Badajoz an der Eisenbahn nach Lissabon.

Barcelona. Dieses notirt Getreide pro Cuartera in Pesetas und Mehl pro Quintal catalan (41·6 Kilogramm) in Pesetas.

[1]) Siehe pag. 43 unter „Triest“.

Im Handel mit dem Auslande wird auch häufig pro Tonelada gerechnet. Die Zahlungs-Usance ist gegen drei Monate Accept; doch steht dem Käufer das Recht zu, dieses Accept, mit 5% pro anno discontirt, sofort einzulösen. Die übliche Courtage, beziehungsweise Agenten-Provision ist ½%.

Gedruckte Schlusszettel sind nicht in Verwendung. Es werden jedoch Effectiv- und Termingeschäfte gemacht. Bei letzteren wird die Qualität gleich „versiegeltem Muster" stipulirt.

Das Qualitätsgewicht wird bei Getreide pro Cuartera in Kilogramm[1]) oder auch noch in Libras à 400 Gramm bestimmt. Mehl versendet man in Säcken à 2 Quintal = 92 Kilogramm schwer.

Einfuhrzoll. Derselbe beträgt pro 100 Kilogramm für Weizen 4·32 Pesetas, für die anderen Cerealien 3·20 Pesetas, für Weizenmehl 6·48 Pesetas und für alle anderen Mehlsorten 4·80 Pesetas.

Spanien hat Doppelwährung, wie die Staaten der lateinischen Münz-Convention. 1 Peseta = 1 Francs (20 Francs = 8 ö. W. fl. Gold) = 100 Centavos = 4 Realen.

Barcelona notirt:

Amsterdam	3	Monate Sicht	pro	5	Pesetas	in holl. Gulden.
Hamburg	3	„ „	„	5	„	„ Mark.
London	3	„ „	„	5	„	„ Pences.
Paris	8	Tage „	„	5	„	„ Francs.

5 Pesetas = 1 Peso duro = 20 Reales de vellon.

Im Mai 1882 notirte Odessaer Weizen, 76 Kilogramm pro Hectoliter schwer, in Barcelona 30 Pesetas pro Cuartera. Wie stellt sich die Parität pro 1000 Kilogramm in Mark, wenn Paris in Barcelona 4·95 notirt und 20 Francs-Stücke in Berlin 16·20 kosten?

Mark x	1000 Kilogramm
76	100 Liter
70	30 Pesetas
5	4·95 Francs
20	16·20 Mark

mithin x = 452·2 Mark.

11. **Canada** (Montreal, die wichtigste Handelsstadt von Britisch-Nordamerika) notirt in neuester

[1]) Man findet das Gewicht des Getreides in Kilogramm pro Hectoliter, wenn man das Gewicht in Kilogramm pro Cuartera durch 0·7 dividirt. Eine Cuartera Weizen hat im Durchschnitt 55 Kilogramm oder 138 catalanische Pfunde.

In den anderen oben genannten Handelsplätzen Spaniens bestimmt man das Gewicht pro Fanega in spanischen Pfunden und stellt die Preise pro Fanega in Realen.

Man rechnet die Fanega Weizen zu 95 Pfund spanisch, Gerste zu 68 bis 75 Pfund spanisch.

Zeit Getreide nach Gewicht, und zwar nach dem Durchschnittsgewichte des alten Bushels, also:

Weizen	pro 60	Pfund	englisch	in Dollars.
Roggen	„ 56	„	„	
Gerste	„ 48	„	„	
Hafer	„ 34	„	„	

Canada treibt einen nicht unbedeutenden Zwischenhandel mit amerikanischem Weizen, da namentlich von Chicago die Verschiffungen häufig via Montreal nach Liverpool erfolgen.

12. **Chile** (Republik in Süd-Amerika, wichtigster Handelsplatz Valparaiso mit lebhaften Dampferverbindungen nach Hamburg und Liverpool; dann noch für den Getreideexport wichtig Concepcion) exportirt hauptsächlich Weizen, in zweiter Linie Gerste und Bohnen, und auch Mehl [1]).

Getreide notirt man neuester Zeit pro Hectoliter, ohne Sack, Langseite des Schiffes gelegt, in Pesos und rechnet auf ein Hectoliter Weizen 166 Libras, das sind 76·4 Kilogramm. Mehl wird gewöhnlich pro Quintal (46 Kilogramm) in Pesos notirt.

Die Getreidefracht nach Europa wird pro 2240 engl. Pfunde in Shillings fixirt und schwankte in den letzten Jahren zwischen 35 und 55 Sh.

Chile rechnet nach Peso (Piaster, Thaler) à 100 Centavos = 3·83 Mark = 4·72¾ Francs = 45 Pence. Seit Juli 1878 circulirt jedoch Papiergeld mit Zwangscurs, in folge dessen der Wert des Pesos sehr gesunken ist.

Valparaiso notirt:

London,	90 Tage Sicht,	Pence	pro Peso baar
Paris,	„ „	Francs	„ „ „
Hamburg,	„ „	Mark	„ „ „

Am 10. März 1882 notirte London 35 Pence. 1880 ging London bis 25½ herab.

13. **Tunis** (französischer Schutzstaat in Nord-Afrika) exportirt hauptsächlich Weizen und Gerste nach Europa. [2])

---

[1]) Nach einem deutschen Consulatsberichte (Deutsches Handelsarchiv 1881, Nummer 43) exportirte Chile 1880 nach Europa 2·6 Mill. Hectol. Weizen, während es circa 4 Mill. Hectol selbst consumirte und 220,000 Hectol. nach Peru ausführte. Mehl exportirt es nach den La Plata-Staaten, Rio de Janeiro und ins Capland, 1880 auch nach Europa. 1880 wurden zum erstenmale die Versuche gemacht, den dortigen, sehr schönen glasigen Weizen (flinty-trigo candeal) den europäischen Märkten in grösseren Quantitäten zuzuführen.

[2]) 1880 exportirte es (Deutsches Handelsarchiv 1881, Nummer 15) 19644 Kafis Weizen und 17082 Kafis Gerste. Der Kafis Weizen wird zu 500 bis 525 Kilogramm, der Kafis Gerste zu 360 bis 400 Kilogramm

Getreide wird pro Kafis in Piaster verkauft.

Tunis rechnet nach Piaster, von denen 100 Piaster Gold = 48·92 Mark = 60·40 Francs sind. Die meisten Tratten werden auf Marseille, Genua und Livorno abgegeben. Die in Tunis ansässigen europäischen Kaufleute verrechnen alles in Francs.

14. **Argentinische Republik** (Süd-Amerika, mit dem Hauptplatze Buenos-Ayres) ist in den letzten Jahren in die Reihe der exportirenden Staaten [1]) im Getreidehandel getreten, wodurch der Absatz des europäischen Mehles dahin wohl nun aufhören wird. Es exportirt hauptsächlich Weizen und Mais, und erscheint ersterer bereits auf den Märkten in Belgien, England, Frankreich und Italien, während argentinisches Mehl in Rio de Janeiro mit dem besten Mehle aus Baltimore (Nordamerika) schon erfolgreich concurrirt.

Weizen, Mais und Weizenmehl wird für den Export meistens schon nach metrischem Gewichte verkauft.

Die argentinische Republik rechnet nach Peso fuerto à 100 Centavos. Ein Peso fuerto Gold ist = 4·185 Mark. Es circulirt jedoch allgemein Papiergeld, welches ein bedeutendes Disagio hat.

Buenos-Ayres notirt alle Devisen in der Valuta jenes Platzes, wo der Wechsel zahlbar ist, für 1 Peso fuerto Gold. Sicht 90 Tage. London notirte z. B. am 1. März 1882 $49^3/_4$ Pence.

Einfuhrzoll (Gesetz für 1882). Weizen zahlt pro 100 Kilogramm 1 Peso fuerto 60 Centavos und Weizenmehl, Mais und Maismehl pro 1 Kilogramm 4 Centavos.

B) Länder mit regelmässigem Import.

1. **Grossbritannien.** Das vereinigte Königreich, welches 1880 circa 132 Millionen englische Centner Getreide und Mehl importirte, bezieht das Hauptquantum aus Nord-Amerika, ausserdem aber auch aus Russland, Indien, Australien, Mittel-Europa, Aegypten, ja fast aus allen Theilen der Welt. Es steht unter allen importirenden Ländern oben an. Dasselbe notirte bis 31. December 1878 gesetzlich das Getreide pro Imperial-Quarter oder pro Imperial-Bushel in Shillings und Pence.

---

gerechnet. Der Durchschnittspreis für Weizen stellte sich 1880 auf 200 Piaster pro Kafis, also auf circa 19 Mark pro 100 Kilogramm, während Gerste sich auf 60 Piaster pro Kafis stellte.

[1]) Siehe v. Neumann-Spallarts Uebersichten pro 1880.

Diesen Hohlmaassen wurden bestimmte Durchschnittsgewichte, je nach der Qualität, substituirt und nach diesen wurde das Getreide zugewogen.

Diese Durchschnittsgewichte sind pro Imperial-Quarter:

bei Weizen 504, 500, 496, 492 und 480 englische Pfunde,
„ Roggen 480, 472, 464 und 456 englische Pfunde,
„ Gerste 448, 432, 416 und 400 englische Pfunde,
„ Hafer 336, 320 und 300 englische Pfunde,
„ Mais 496 und 480 englische Pfunde.

Mit 1. Jänner 1879 ist jedoch das vereinigte Königreich nicht nur in den Kreis jener europäischen Staaten eingetreten, welche Getreide nur nach Gewicht notiren und verkaufen, sondern es hat auch gleichzeitig Bresche geschossen in sein bisheriges Gewichtssystem. Die praktischen Amerikaner, welche seinerzeit als Gewichtseinheit das englische Pfund acceptirten, führten nämlich im Handel den amerikanischen Centner, Cental, zu 100 Pfund englisch ein und wird (siehe pag. 37) auch bereits seit längerer Zeit Getreide und Getreidefracht pro Cental in San Francisco notirt.

Dieser Cental à 100 englische Pfunde ist nun seit 1. Jänner 1879 die gesetzliche Gewichtseinheit im Getreide- und Mehlhandel in Grossbritannien und Irland und muss jede Ladung Getreide, welche in einem englischen Hafen gelöscht wird, nach Centals berechnet werden.

Von englischen Kornbörsen *(Corn Exchange)* notirt pro Cental bis jetzt Liverpool und Cornwall, während die Londoner Productenbörse *(Mark Lane)* die Preise noch pro Quarter stellt. Die schwimmenden Ladungen werden auch noch pro Quarter oder Bushel gekauft und nach nicht englischen Häfen auch wieder so verkauft. Zur Umrechnung benützt man in Liverpool eine sehr praktische Tabelle von Charles Moesch *(English Equivalents of grain and flour prices for every weight customary in the United Kingdom)*.

Man kauft Getreide effectiv, schwimmend oder auf Lieferung. Bestimmte Qualitätsgewichte, wie in Oesterreich oder Deutschland, kennt man nicht. Bei Käufen von schwimmenden Ladungen oder auf Lieferung wird auf der Basis von eingesendeten Mustern abgeschlossen, die dann versiegelt werden. Die erwartete Lieferung muss dem Muster möglichst nahe kommen. Bei diesen Mustern wird stets deren Grösse in Berücksichtigung gezogen, da grössere Muster eine leichtere Beurtheilung zulassen.

Beim englischen Getreidehandel ist in erster Linie die Provenienz massgebend. Für einzelne Provenienzen rechnet man nach der alten Notirung bestimmte fixe Gewichte; so wird Weizen aus den vereinigten Staaten Nordamerika's, aus Canada, British-Nordamerika, aus Australien zu 480 Pfund englisch pro Quarter, hingegen Weizen aus Russland, namentlich via Königsberg, zu 496 Pfund englisch pro Quarter gerechnet. Gemessen wird nur russischer und baltischer Weizen, behufs Berechnung der Fracht.

Mehl wird hauptsächlich aus Nordamerika, Deutschland und Oesterreich-Ungarn importirt. Der Kauf wird in der Regel auf Grund von Mustern abgeschlossen; ausserdem ist noch massgebend der Name der Mühle oder des Exporteurs oder, wie bei österr.-ung. Mehl, die Nummer.

Der Preis wird bei europäischem Mehl für 280 Pfund englisch Brutto für Netto, incl. Sack in Shillings und Pence fixirt. Zahlung ein Monat nach Ablieferung ohne Escompte, seltener gegen Vergütung von 2 Monat Zinsen 5 % pro anno. Courtage 2 bis 3 %. Commission wird nicht berechnet.

Amerikanisches Mehl wird auch für 100 Pfund englisch gehandelt.

Der Import aus Oesterreich-Ungarn betrug 1881 via Triest 138,629, via Fiume 288,883 und via Hamburg 110,013 Ballen, à 280 Pfund englisch, also zusammen circa 682,656 metrische Centner, während aus Nordamerika 1881 nach Liverpool, London und Glasgow 3,683,500 Barrels à 196 Pfund englisch Netto, also circa 3,250,000 metrische Centner importirt wurden.

In Grossbritannien besteht für Getreide und Mehl kein Einfuhrzoll.

Die wichtigsten Handelsplätze des vereinigten Königreiches für den Getreide- und Mehlhandel sind: London, Liverpool, Hull, Southampton, Manchester, Glasgow und Leith, die beiden letzteren in Schottland.

Die Preise der englischen Märkte sind für die continentalen Märkte sehr massgebend. Wir haben daher die Paritäts-Tabellen sowohl für die neue Notirung, wie für die alte Notirung gerechnet und dieselben pag. 122 und 123 und dann pag. 112 bis 121 mitgetheilt. Ferner geben wir auf pag. 125 eine Paritäts-Tabelle für die Mehl-Notirung à 280 Pfund englisch.

Tabelle pag. 122 und 123 gibt aus Shillings und Pence pro Cental die gleichwertige Notiz in Mark pro 1000 Kilogramm, mit Rücksicht auf den à vista-Curs von London in Berlin. Die Parität kann unmittelbar aus der Tabelle herausgelesen werden, da die Correctur für 1 Penny sofort im Kopfe vorgenommen werden kann. Z. B.: Liverpool notirt Weizen 9„7, mithin, wenn London in Berlin à vista 20·45 notirt, die Parität 214·1 + 1·9 = 216 Mark. Diese Tabelle kann für alle Getreidesorten benützt werden.

Die Paritäts-Tabellen für die alte Notirung sind ähnlich zu benützen. Dieselben gehen nur von Shilling zu Shilling, doch kann die Correctur für die Pence ohne Schwierigkeit durch die letzten drei Zeilen der Tabellen sofort im Kopfe vorgenommen werden. Z. B.: Amerikanischer Weizen notirt in London 45/8, London in Berlin à vista 20·45. Da Weizen dieser Provenienz zu 480 Pfund englisch pro Quarter gerechnet wird, so gibt uns Tabelle pag. 112 als Preisparität 211·4 + 3·1 = 214·5 Mark.

Wir haben für folgende Durchschnittsgewichte pro Imperial-Quarter die Paritäts-Tabellen gerechnet:

Weizen für 504, 500, 496, 492 und 480 englische Pfunde,
Gerste „ 448, 432 und 416 englische Pfunde,
Hafer „ 336, 320 und 300 „ „

von denen die Weizen-Tabelle pro 480 Pfund auch für Roggen und Mais benützt werden kann.

2. **Frankreich.** Die französischen Kornmärkte notiren bereits grösstentheils pro 100 Kilogramm in Francs.

Die Qualitätsgewichte siehe pag. 28 bis 31. Bezüglich der einzelnen Plätze sei Folgendes bemerkt:

1. Paris, bedeutende Productenbörse. Grosser Terminhandel in Weizen und Weizenmehl.

Getreide notirt pro 100 Kilogramm Netto, comptant ohne Sconto.

Courtage: Im Termingeschäfte 5 Centimes pro 100 Kilogramm; im Effectivgeschäfte 1/2 %, beziehungsweise 10 Centimes pro 100 Kilogramm. Commission 2 %.

Mehl (9 Marken) notirt pro Sack von 159 Kilogramm Brutto, 1/2 % Escompte.

Termingeschäfte werden abgeschlossen in Weizen (*blé*), Roggen (*seigle*), Hafer (*avoine*) und Mehl (*farine marques*). Die Termine sind: laufender Monat (*courant du mois*), die einzelnen Monate, Doppelmonate und 4 premiers mois, 4 derniers mois, 4 mois de Mars.

Die Usancen sind in den Reglements vom 3. Mai 1878 enthalten.

Schluss: 25,000 Kilogramm. Der Verkäufer kann um 5 % mehr oder weniger liefern; das Mehr oder Weniger, sowie die Differenz im Qualitätsgewichte wird zum Curse des Liefertages geregelt.

2. Marseille, bedeutender Getreideplatz. Hauptgeschäft in Weizen; dann zunächst in Mais und Hafer. Die Preisnotirung ist folgende:

Weizen[1]) pro Charge in Francs.
Roggen, Gerste, Mais pro 100 Kilogramm in Francs.
Hafer, russischer oder türkischer Provenienz pro 110 Kilogramm[2]) in Francs.
afrikanischer Provenienz pro 100 Kilogramm in Francs.
Mehl aus weichem Weizen (*farine de blés tendres*) pro Ballen von 122½ Kilogramm incl. Sack (*toile perdue*) in Francs.
Mehl aus hartem Weizen (*farine de blés durs*) pro Ballen von 100 Kilogramm incl. Sack (*toile perdue*) in Francs.

Courtage: Bei Platzverkäufeu ⅓ % vom Käufer und ⅓ % vom Verkäufer. Bei Verkäufen ins Innere von Frankreich ½ % zu Lasten des Käufers.

Escompte: 1 % à l'entrepôt.

Die Lieferungsgeschäfte am Marseiller Platze sind zweifacher Art: Marchés fermes und Designationsverkäufe.

Der Verkäufer in „Marché ferme“ hat die Verpflichtung, in der bedungenen Lieferzeit die Waare dem Käufer zu liefern. Kann er dies nicht und einigt er sich auch mit dem Käufer über den Tagescurs nicht, so wird dieser vom Syndicat der vereideten Makler festgestellt und darauf basirt, die Abrechnung gemacht.

Bei Designationsverkäufen muss im Lieferungscontracte angegeben werden, ob per Dampfer oder per Segler die Waare geliefert wird, dann bis wann

[1]) Weizen leichterer Qualität und Weizen amerikanischer Provenienz werden in der Regel pro 100 Kilogr. notirt.

[2]) Die Notirung pro 110 Kilogr. entspricht der früheren Notirung pro Charge zu 240 Liter. Bei Verkäufen in das Innere von Frankreich wird auch diese Provenienz pro 100 Kilogramm verkauft.

der Name des Schiffes dem Käufer notificirt werden muss, und den Termin für die Ankunft des Schiffes.

Das Designationsgeschäft bleibt aufrecht, wenn der avisirte Dampfer ev. Segler am letzten Tage des Termins noch vor Mitternacht im Hafen von Marseille eintrifft. Wenn später, kann Käufer, wenn es in seinem Interesse liegt, den Contract beliebig verlängern oder auch einfach annulliren. Schadenersatz wird nicht eingeräumt. Zwischen der Designation und der Ankunft des Schiffes müssen mindestens 24 Stunden verstrichen sein. Bei Schiffbrüchen, Blokaden etc. wird der Verkäufer seiner Verbindlichkeiten enthoben.

3. Hâvre. Hauptgeschäft in Weizen, Mais und Hafer.

Weizen (*blé*) notirt pro 200 Kilogramm in Francs, $1^1/_4$ % Escompte.

Roggen (*seigle*), Gerste (*orge*) und Hafer (*avoine*) pro 100 Kilogramm in Francs, ohne Escompte.

Courtage: $^1/_4$ % vom Käufer und $^1/_4$ % vom Verkäufer. Provision 1 bis 3 %.

4. Dunkerque (Dünkirchen). Bedeutendes Geschäft, namentlich in Weizen, Mais und Gerste.

An dortiger Börse notirt regelmässig amerikanischer und australischer Weizen, amerikanischer Mais und solcher aus den unteren Donauländern, Gerste aus Spanien, Algerien und den unteren Donauländern.

Getreide notirt pro 100 Kilogramm in Francs, ab Waggon oder Schiff in Dünkirchen (*délivrés sur wagon ou bateau*), zahlbar nach 30 Tagen ohne Escompte.

Courtage: 25 Centimes pro 100 Kilogramm.

Die Säcke sind vom Käufer beizustellen.

Mehl notirt pro 100 Kilogramm in Francs, zahlbar nach 30 Tagen ohne Escompte oder comptant mit $^1/_2$ % Escompte.

Verkaufscommission pro Ballen von 100 Kilogramm 25 bis 50 Centimes.

Mehl wird pro Ballen von 100 Kilogramm Brutto für Netto verpackt; nur nach England in Säcken zu 280 Pfund englisch (= 127 Kilogramm).

5. Lyon notirt Getreide pro 100 Kilogramm in Francs, Mehl pro 125 Kilogramm in Francs.

Von Mehl werden officiell 4 Sorten notirt: Farin de commerce, première ou ronde, farine de boulangerie, première ou ronde (Handelsmehl und Mehl für Bäckereien).

6. Bordeaux notirt Getreide pro 100 Kilogramm, Mehl einheimisches pro 50, amerikanisches pro 100 Kilogramm in Francs, comptant mit 1 % Escompte.

Courtage: $^1/_2$ % vom Käufer und $^1/_2$ % vom Verkäufer. Commission 2 %.

Einfuhrzoll. Dieser beträgt in Frankreich pro 100 Kilogramm für Weizen, Spelz und Halbfrucht in Körnern 0·60 Francs, für Weizen-, Spelz- oder Halbfruchtmehl 1·20 Francs. Alles andere Getreide und Mehl ist frei.

Die Preise der französischen Getreidebörsen, namentlich die von Paris und Marseille, sind für die Schweiz, Oesterreich-Ungarn und Deutschland sehr wichtig.

Wir haben daher auf pag. 148 und 149 Paritäts-Tabellen zusammengestellt, welche aus der Notiz „pro 100 Kilogramm in Francs" die gleichwertige Notiz „pro 1000 Kilogramm in Mark" für die verschiedenen à vista-Curse von Paris in Berlin geben.

Diese Tabelle geht von 15 bis 40 Francs in Intervallen von 25 zu 25 Centimes und umfasst die à vista-Curse von 80·20 bis 81·60. Die Benützung derselben ist sehr einfach.

Beispiel: Am 15. Mai 1882 notirte Paris Weizen pro Juni mit 29·90; Berlin notirte Paris 81·15. Wir lesen in Tabelle pag. 149 bei 29·75 Francs für 81·00 Mark 241·0 und für 81·20 Mark 241·6, mithin für 81·15 Mark 241·45. Hiezu für 15 Centimes die Correctur von 1·20 Mark erhalten wir als Parität 242·65 Mark, welche Zahl bei nur einiger Uebung ohne jede Nebenrechnung aus der Tabelle herausgelesen werden kann.

Diese Paritäts-Tabelle ist auch für die belgischen und schweizerischen Notirungen zu benützen. Die Paritäts-Tabelle für Mehl ist auf pag. 150 zu finden.

3. **Deutschland.**

In Deutschland wird Getreide und Mehl nur nach Gewicht verkauft. Das Hauptgeschäft wird an den Productenbörsen der einzelnen Handelsplätze gemacht. Bezüglich des Termingeschäftes steht Berlin oben an.

Deutschland importirt Getreide hauptsächlich aus Oestereich-Ungarn, aus Russland und aus Nordamerika, theils direct, theils über Frankreich, Belgien und Holland. Mehl wird theilweise aus Oesterreich-Ungarn (feines Weizenmehl) und aus Nordamerika importirt, dagegen in viel grösseren Quantitäten nach England, Schweden, Belgien und die Schweiz exportirt.

Getreide wird für 1000 Kilogramm in Mark notirt in Berlin, Breslau, Königsberg, Danzig, Stettin, Leipzig, Dresden, Magdeburg, Hamburg und Bremen. Für 100 Kilogramm in Mark notiren:

Köln, Frankfurt a/M., Mannheim, Stuttgart, München und Lindau.

Mehl wird in Deutschland überall für 100 Kilogramm Brutto für Netto, incl. Sack, in Mark notirt; nur Stettin und Danzig notiren für 50 Kilogramm.

Zahlung comptant, ohne Sconto.

Der Einfuhrzoll beträgt pro 100 Kilogramm: für Weizen, Roggen und Hafer 1 Mark, für Gerste, Mais und Buchweizen $^1/_2$ Mark, für Malz 1·20 Mark und für Mehl 3 Mark.

Die Qualitätsgewichte für die wichtigsten Plätze Deutschlands sind auf pag. 19 bis 25 mitgetheilt.

Zu den einzelnen Plätzen sei Folgendes bemerkt:

1. Berlin. Sehr bedeutendes Termingeschäft in Weizen, Roggen, Hafer und Roggenmehl.

Berlin importirt feinere Weizenmehle hauptsächlich aus Budapest, exportirt hingegen Roggenmehl nach Böhmen, Holland, Belgien und die Schweiz.

Courtage pro 1000 Kilogramm: für Weizen $^1/_2$ Mark, für Roggen und Hafer $^3/_8$ Mark, für Mais $^1/_2$ Mark vom Verkäufer; für Roggenmehl (Termin) pro 250 Sack 12·5 Mark. Commission nach Vereinbarung.

Schluss: 1000 Zoll-Centner.

§. 1. der Usancen: Getreide muss in Posten von 1000 Centner, Roggenmehl in Posten von 250 Sack gegen Zug um Zug zu leistende Zahlung des bedungenen Preises effectiv geliefert werden.

Aus §. 5: Ergibt sich bei der Abnahme einer gekündigten Partie von 1000 Centner ein Minus bis zu 50 Centner, so wird dasselbe zum Durchschnittspreise, wie dieser für den laufenden Termin am Tage der Abnahme amtlich festgestellt ist, regulirt. Fehlen bei 250 Sack gekündigtem Roggenmehl mehr als 4 Sack, oder werden mehr als 10 Sack ermittelt, die unter 99 Kilogramm wiegen, so ist die Lieferung unkontraktlich. Das Minus innerhalb dieser Grenzen wird wie bei Getreide regulirt.

2. Breslau. Ziemlich bedeutendes Getreidegeschäft.

Courtage: Bei Effectivgeschäften 10 Pfennige pro 100 Kilogr., bei Termingeschäften 25 Pfennige pro 1000 Kilogr. Commission: Bei Effectivgeschäften 1%, bei Termingeschäften $^3/_8$% des Umsatzes.

Schluss: 1000 Zoll-Centner.

§. 5 der Usancen für den Terminhandel lautet:

„Es können bis 3% des verkauften Quantums mehr oder weniger geliefert werden und findet in Betreff des Unterschiedes die Berechnung nach dem am Abnahmetag für den laufenden Monat amtlich notirten Preise, respective Durchschnittspreise statt."

§. 8. Die Uebergabe des Weizens, Roggens oder Hafers erfolgt durch sackweise Zuwiegung der Waare an den Käufer. Die Kosten der Uebergabe und Verwiegung trägt der Lieferant.

3. Stettin. Bedeutendes Getreidegeschäft; dominirend der Artikel Roggen, der in grossen Quantitäten aus Russland importirt wird. Nach England grosse Verschiffungen von Gerste, zeitweise auch von Weizen; nach Frankreich Weizen und Oelsaat (Raps). Seit einigen Jahren wird viel Mais aus Amerika und Ungarn eingeführt. Mehl wird nach England, Holland und Schweden exportirt.

Courtage: $^1/_4$% vom Käufer und $^1/_4$% vom Verkäufer; Provision im Commissionsgeschäft 1 bis $1^1/_2$ %.

Schluss: 1000 Zoll-Centner. Der Lieferer darf ± 2% des contrahirten Quantums liefern.

Mehl notirt für 50 Kilogramm in Mark; Zahlung bar, ohne Sconto, Courtage und Commission.

4. Danzig. Hauptgeschäft in Weizen und Weizenmehl. Grosse Verschiffungen nach England, Holland, Schweden und Norwegen.

Courtage: $^1/_4$% im Termingeschäft.

Bei allen Verkäufen von Getreide hat nach §. 36 der Usancen der Käufer ausser dem Kaufpreise noch 2 Mark pro 1000 Kilogramm Factorei-Provision an den Verkäufer zu bezahlen.

Schluss: 50 Tonnen = 1000 Zoll-Centner. Der Lieferer darf bis ± 5% des contrahirten Quantums liefern.

Mehl notirt wie in Stettin.

5. Königsberg. Bedeutendes Getreidegeschäft nach England, Frankreich und Holland.

Courtage $^1/_4$%, Provision der Commissionäre 1%, Provision der Agenten für auswärtige Verkäufe ebenfalls 1%.

Lieferer muss das volle Quantum liefern. Zahlung comptant beim Verwiegen des überwiesenen Quantums. Verkäufer kann sogar verlangen, dass der Betrag schon früher beim Vorsteheramte der Kaufmannschaft deponirt wird.

6. Hamburg. Bedeutendes Getreidegeschäft in Weizen und Roggen. Hauptplatz für den Export von Gerste nach England und für Import von Mais.

Courtage: Im Termingeschäfte 25 Mark pro 1000 Zoll-Centner. Bei Käufen ab Auswärts 50 Pfennige pro 1000 Kilogramm, Käufer und Verkäufer; bei Effectivgeschäften in loco pro 1000 Kilogramm

60 Pfennige der Verkäufer und 50 Pfennige der Käufer.

Schluss: 1000 Zoll-Centner.

„Es dürfen bis 5% weniger als das verkaufte Quantum geliefert werden, dieses Minder muss aber zum Kündigungspreise regulirt werden. Falls weniger geliefert wird, muss auf Verlangen die gelieferte Waare unter Vergütung der Kosten seitens des Lieferers zurückgenommen werden."

Bei Lieferungsgeschäften von Auswärts her, bedeutet „circa" zwei Procent mehr oder weniger zu Gunsten des Verkäufers.

7. Bremen. Hauptgeschäft in Roggen.

Courtage $^1/_4$%. Ziel: 2 bis 4 Monate Accept; nach Aussen Cassa oder 1 Monat Accept.

Schluss: 1000 Zoll-Centner.

8. Leipzig. Hauptsächlich effectives Geschäft; seltener Termingeschäfte.

Courtage: Keine fixirt. Die Agenten beziehen gewöhnlich 1%, welches entweder von einem Theile allein oder von beiden gemeinschaftlich getragen wird.

Schluss: 500 Zoll.Centner.

9. Köln. Bedeutendes Getreidegeschäft, hauptsächlich in Weizen und Roggen.

Courtage: 5 Pfennige pro 100 Kilogramm; Commission $1^1/_2$ bis $2^1/_2$%.

Schluss: 25000 Kilogramm.

Der Preis für Getreide versteht sich pro Sack von Netto 100 Kilogramm, zahlbar comptant bei der Ablieferung. Mehl notirt hier und in Neuss gegen 2 Monat Accept oder gegen comptant mit Escompte (2 Monate Bank-Discont).

10. Frankfurt a. M.

Courtage: 10 Pfennige pro 100 Kilogramm (effectiv oder Termin) ausser der Börse; bei Börsenschlüssen 5 Mark 71 Pfennige pro 10000 Kilogramm = 100 Sack [1]).

Schluss: 100 Zoll-Centner bei Effectivgeschäften, 500 Zoll-Centner bei Termingeschäften.

Der Preis versteht sich pro Sack von 100 Kilogramm Netto.

11. Stuttgart. Hauptgeschäft in Weizen, Gerste und Hafer. Fast nur Effectivgeschäft; ausnahmsweise Lieferungsgeschäfte auf 1 bis 2 Monate.

Sensale existiren nicht. Die Geschäfte werden entweder durch die Getreidehändler direct oder

---

[1]) Dieser Satz entspricht 1 kr. süddeutsch pro Zoll-Centner.

durch ihre Agenten abgeschlossen. Letztere beziehen 1% Provision ohne Delcredere, 1½ % mit Delcredere.

Zahlung comptant bei Uebergabe der Waare.

§. 8 der Usancen lautet: „Wenn in einem Schlusse die Menge der zu liefernden Waare mit dem Beisatze: circa, ungefähr, beiläufig bezeichnet ist, so steht es den Verkäufern frei, 5% der genannten Menge mehr oder weniger zu liefern, wobei dieses Mehr oder Weniger nach Tagespreisen zur Zeit der Ablieferung zu berechnen ist.

§. 9. „Waggonladung" = 200 Zoll-Centner.

12. Mannheim. Bedeutender Getreidehandel, namentlich in überseeischen Provenienzen, welche Rheinaufwärts via Antwerpen oder Rotterdam kommen. Hauptgeschäft in Weizen. Fast ausschliesslich Effectivgeschäft, ausnahmsweise Geschäfte auf spätere Lieferungen.

Courtage: 10 Pfennige pro 100 Kilogramm.

13. München. Keine Getreidebörse. Hauptgeschäft in Weizen, Roggen und Gerste.

Provision für durch Makler abgeschlossene Geschäfte 10 Pfennige pro 50 Kilogramm.

Qualität nach Muster oder garantirtes Minimalgewicht pro Hectoliter.

14. Lindau. Hauptgeschäft nach der Schweiz.

Die von pag. 109 bis 155 mitgetheilten Paritäts-Tabellen ermöglichen die möglichst rasche Vergleichung der Getreide-Notirungen in Nord-Amerika, England, Russland, Rumänien, Serbien, Oesterreich-Ungarn, Frankreich, Belgien, der Schweiz und Holland mit der Notirung in Deutschland.

Die Parität ist durchgehends pro 1000 Kilogramm in Mark gerechnet, und zwar für Russland und Oesterreich-Ungarn, als den unmittelbaren Nachbarstaaten, aus denen Deutschland importirt, auf Pfennige genau, für die übrigen Länder auf Zehntel-Mark genau. Diese Tabellen, direct gerechnet für die nördlichen deutschen Plätze, die pro 1000 Kilogramm notiren, können von jenen Plätzen, welche pro 100 Kilogramm in Mark notiren, ebenfalls unmittelbar benützt werden, indem man von der aus der Tabelle herausgelesenen Parität den zehnten Theil nimmt. Halbirt man dieses Zehntel, so hat man die Parität für die Plätze, welche pro 50 Kilogramm notiren.

4. Belgien.

In Belgien wird Getreide nur nach Gewicht verkauft. Das Hauptgeschäft findet auf den belgischen Getreidemärkten (Antwerpen, Brüssel u. a.) in Weizen und Roggen statt. Belgien importirt alljährlich ziemlich bedeutende Mengen für den eigenen Bedarf.

Wir geben die näheren Daten über Antwerpen (Anvers).

Getreide notirt pro 100 Kilogramm Netto en Entrepot, auf Waggon[1]) oder gegen Umladung (*par transbordement*) in Francs, zahlbar 30 Tage, nachdem die Waare zur Verfügung gestellt wird.

Es steht jedoch beiden Parteien frei, die Factura gegen Abzug von Zinsen ($^1/_2$ % über dem jeweiligen Bankzinsfuss) zu escomptiren.

Courtage: 10 Centimes pro Hectoliter, Provision 1 bis 2%.

Die Geschäfte werden durch Lieferungsverträge (*contrat à livrer*) auf Grund der dortigen allgemeinen Bedingungen für den Verkauf von Getreide abgeschlossen. Diese bestimmen bezüglich der Qualität: „Nach Muster“ oder „*qualité moyenne des arrivages*“ oder „Minimalgewicht in Kilogr. pro Hectoliter“.

Ein etwaiger Minderwert ist schiedsgerichtlich abzuschätzen und dem Käufer zu vergüten. Als Schiedsgericht gilt das Antwerpener Schieds- und Ausgleichsgericht für Körner uud Sämereien (*chambre arbitrale et de conciliation pour grains et graines d'Anvers*).

Mehl notirt pro 100 Kilogramm Brutto für Netto, in Francs, zahlbar nach 30 Tagen ohne Sconto.

Courtage: 50 Centimes pro 100 Kilogramm.

Belgien importirt Mehl hauptsächlich aus Nordamerika und Oesterreich-Ungarn; ersteres nach Typen, letzteres nach Nummern classificirt.

Auf Mehl existirt kein Einfuhrzoll.

Zur Umrechnung der belgischen Notirungen dient die Paritäts-Tabelle auf pag. 148 u. 149, über deren Gebrauch bereits bei „Frankreich“, pag. 61, das Nähere mitgetheilt wurde.

5. Die **Schweiz.**

In der Schweiz wird Getreide und Mehl ebenfalls nur nach Gewicht verkauft. Das Hauptgeschäft findet in Weizen, Mais, Gerste, Hafer und Mehl statt. Roggen sehr wenig. Mehl wird hauptsächlich aus Ungarn, Deutschland und Frankreich bezogen. Die Hauptplätze sind: Zürich, Romanshorn mit seinen grossen Lagerhäusern, Basel für das Rheinaufwärts von Rotterdam kommende amerikanische Getreide.

---

[1]) Bei Verkäufen „auf Waggon“ müssen die Säcke vor Ankunft des Schiffes den Verkäufern zur Verfügung stehen.

Wir geben die näheren Daten über Zürich (Getreidebörse, Usancen 1879 revidirt).

An der Getreidebörse Zürich notirt man Getreide pro 100 Kilogramm Netto, ohne Sack, und Mehl für 50 Kilogramm Brutto für Netto incl. Sack, auf Grund von Nummern oder der deponirten Mehlmarken, in Schweizer Währung (Francs), bar bei Vollzug der Uebergabe der Waare, und zwar:

Weizen, ab Romanshorn, ungarischer
„ „ „ serbischer
„ „ „ wallachischer
„ „ „ bayerischer
. . . . . .

Weizen, fco. Schweizer Stationen, bessarabischer
„ „ „ „ Irka
. . . .

„ fco. Zürich, badischer
„ „ „ Landweizen
. . . . .

Mais, Gerste und Hafer nur ab Ramanshorn.

Courtage: $^1/_2$%. Provision: $1^1/_2$%.

Einfuhrzoll: pro 100 Kilogramm für Getreide 0·30 Francs, für Malz 0·60 Francs und für Mehl 1 Franc.

Die Geschäfte werden auf Grund von Schlussbriefen abgeschlossen, welche nicht girirbar sind. Diese Schlussbriefe enthalten einfach die Schlagworte: Verkäufer, Käufer, Quantum, Gattung, Qualität, Preis, Uebergabsort, Lieferzeit und Zahlungsbedingungen, und die Berufung auf die Usancen der Getreidebörse in Zürich.

Die Lieferung versteht sich, wenn nichts Anderes vereinbart ist, in Säcken à 100 Kilogr. Bei Abschlüssen mit dem Beisatze circa (ca.) steht es dem Lieferer frei, 5% mehr oder weniger zu liefern; jedoch hat der Ersatz für etwaige Preisdifferenzen auf Grund des jeweiligen Tagespreises zu geschehen.

Die Kosten der Uebergabe und des Abwiegens trägt der Verkäufer.

„Anfang Monats“ ist 1. bis inclusive 10.
„Mitte Monats“ „ 11. „ „ 20.
„Ende Monats“ „ 21. „ „ Letzten.

Die Lieferung ist erfüllt bei Verkäufen ab Lager, wenn die Waare angekommen und die betreffende Lagerhaus-Verwaltung angewiesen ist, die Waare zur Verfügung des Käufers zu halten, und bei Verkäufen franco Station, wenn entweder

der Frachtbrief an den Empfänger ausgefolgt worden ist, oder die Waare angekommen und die Stations-Verwaltung zur Uebergabe an den Empfänger angewiesen ist.

Streitigkeiten werden durch das Schiedsgericht der Züricher Getreidebörse geschlichtet.

Für die Schweizer Plätze benützen wir die Paritäts-Tabellen pag. 148 und 149 in der bei Frankreich angedeuteten Weise.

6. **Holland** (Niederlande).

In Holland wird Getreide und Mehl nur nach Gewicht verkauft. Das Hauptgeschäft findet auf den holländischen Getreidemärkten (Amsterdam, Rotterdam u. a.) in Roggen und Weizen statt. Holland importirt nicht nur bedeutende Mengen Getreide für den eigenen Bedarf, sondern auch zur Proviantirung der Seefahrer und zur Hefe- und Spirituosen-Fabrikation, während es Rheinaufwärts und nach den nordwestlichen Ländern von Europa exportirt. Mehl importirt Holland in grossen Mengen aus Oesterreich-Ungarn (siehe pag. 42), Deutschland und Nordamerika und zwar hauptsächlich die feineren Sorten Weizen- und Roggenmehl. Ein Mehl-Export findet statt nach Grossbritannien, Belgien und dann vorzüglich nach den niederländischen Colonien in Ostindien.

Die Preisnotirung ist folgende:

Weizen	pro	2400	Kilogramm	in	Gulden	holl.	
Roggen	„	2100	„	„	„	„	
oder	„	2300	„	„	„	„	
Gerste	„	2000	„	„	„	„	
oder	„	1950	„	„	„	„	
Hafer	„	100	„	„	„	„	
Mais	„	2100	„	„	„	„	
oder	„	2000	„	„	„	„	
Mehl	„	100	„	Netto excl. Sack[1])			

in Gulden holl.

Ein Termingeschäft findet nur in Roggen und Weizen statt. Termine pro März, Mai und October.

---

[1]) Die Verpakung des Mehles erfolgt in Säcken zu 50 oder zu 100 Kilogramm Netto. Für erstere Säcke werden 50 Cents pro Stück, für letztere 75 Cents pro Stück mitfacturirt. Die Säcke können jedoch innerhalb dreier Monate retournirt werden, wenn sie in gutem Zustande sind, und muss dann der Verkäufer den Betrag wieder rückvergüten.

Die Qualitätsgewichte sind auf pag. 26 mitgetheilt.

Die Zahlung ist bei Effectivgeschäften folgende:

Weizen wird auf zwei Monate geschlossen;

Roggen, Gerste und Mais comptant;

Hafer auf zwei Monate oder comptant.

Mehl gegen 2 Monat Accept, zahlbar in Amsterdam oder Rotterdam. Bei comptanter Zahlung wird 1% Discont gewährt.

Die Waare ist innerhalb acht Tagen zu liefern und zu übernehmen; während dieser Zeit läuft Assecuranz und Risico auf Gefahr und Rechnung des Verkäufers. Bei früherer Zahlung darf ein Discont (*tekoort*) nicht bedungen werden.

Die Courtage beträgt bei Weizen pro 2400 Kilogramm 1 bis 1½ Gulden, bei Roggen pro 2100 Kilogramm 60 Cents bis 1½ Gulden, bei Gerste, Hafer und Mais pro Notiz 75 Cents bis 1½ Gulden holl., bei Mehl 25 Cents pro 100 Kilogramm. Provison oder Commission 1 bis 2% vom Netto-Betrage der Factura.

Einfuhrzoll. In Holland wurde der Einfuhrzoll auf Getreide und Mehl aufgehoben.

Im Termingeschäft beträgt ein Schluss Weizen 60000 Kilogramm und ein Schluss Roggen 52500 Kilogramm [1]) und muss in solchen Partien geliefert werden.

Der Verkäufer (Artikel 8 der Usancen für den Terminhandel in Roggen) ist gehalten, so annähernd wie möglich, das von ihm gekaufte Quantum zu liefern. Falls das Fehlende nicht mehr als 2000 Kilogr. beträgt, wird die Differenz zum höchsten Curse des Tages, an welchem der Kündigungsbrief abgegeben wurde, verrechnet. Bei einem grösseren Unterschiede muss das Fehlende, falls der Empfänger es verlangt, in natura geliefert werden.

Wegen der Wichtigkeit der holländischen Märkte sind auf pag. 151 bis 155 die Paritäts-Tabellen für Weizen, Roggen und Gerste mitgetheilt. Dieselben geben aus der holländischen Notirung die gleichwertige Notiz pro 1000 Kilogramm in Mark.

Dieselben sind gerechnet für die à vista-Curse von Amsterdam in Berlin von 168 bis 170·80 von 40 zu 40 Pfennige, und für Preisdifferenzen von 2 zu 2 holl. Gulden. Die dadurch bedingten Differenzen

---

[1]) Ein Schluss war früher = 25 Last à 30 Mud (Hectoliter). Seit nach dem Gewichte verkauft wird, rechnet man 1 Hectoliter Roggen durchschnittlich zu 70 Kilogramm, also ein Schluss $= 25 \times 30 \times 70 = 25 \times 2100 =$ 52500 Kilogramm = der 25fachen Notiz.

sind so klein, dass für zwischenliegende Werte die Parität sehr leicht aus der Tabelle herausgelesen werden kann.

Beispiel: In Amsterdam notirte am 12. April 1882 Roggen pro Mai 175. Wie stellt sich die Parität mit Berlin, wenn Amsterdam in Berlin 169·40 à vista notirt?

In der Tabelle pag. 152 finden wir, wenn wir den Curs 169·40 berücksichtigen, für die Notiz

174 . . 140·35
176 . . 141·95

mithin für 175 die Parität 141·15 Mark pro 1000 Kilogramm.

7. **Italien.** Dieses Land producirt seit einer Reihe von Jahren weniger als es consumirt und muss daher Brotfrüchte importiren. Am meisten eingeführt wird Weizen und zwar hauptsächlich aus Aegypten, Algier, den unteren Donauländern und Nordamerika.

Die wichtigsten Handelsplätze sind: Mailand, Venedig, Turin, Genua, Livorno, Neapel, Brindisi und Palermo.

Getreide wird pro 100 Kilogramm (Quintale metrico) oder pro Hectoliter in Lire italiane notirt und verkauft.

Mehl wird nur pro 100 Kilogramm notirt.

Italien gehört zu den Staaten der lateinischen Münzconvention. Man rechnet in Lire à 100 Centesimi. Die Lira ist gleich dem Franc. Gegenwärtig besteht jedoch noch eine Papierwährung mit Zwangscurs, und verstehen sich daher alle Preisnotirungen im Waarenhandel in Lire italiane Papier.

Wien notirt italienische Banknoten für 100 Lire in Gulden ö. W. Das Disagio gegen Goldlire beträgt gegenwärtig (Juni 1882) circa 2 Procent.

Einfuhrzoll. Derselbe beträgt pro 100 Kilogramm in Lire Gold: für Weizen und Roggen (frumento e grano) 1·40, für Hafer und Körner (granaglie) 1·15 und für Mehl 2·77. Für Mehl ist ausser dem Einfuhrzoll auch noch die Mahlsteuer zu entrichten, wodurch sich die Abgabe auf circa 3·75 Lire Gold pro 100 Kilogramm stellt.

Bezüglich einzelner Handelsplätze sei folgendes bemerkt:

1. Venedig. Platz-Usancen festgestellt von der Handelskammer. Zahlung comptant und auf Zeit, ohne Sconto. Courtage 1 Procent. Mehl wird geliefert inclusive Sack, in Säcken von 100 Kilogramm Brutto für Netto.

2. Mailand. Platz-Usancen festgestellt von der Handelskammer. Zahlung comptant, ohne Sconto, wenn nicht ausdrücklich etwas anderes bedungen ist. Courtage 15 Centesimi pro 100 Kilogramm, zahlbar vom Käufer und vom Verkäufer. Commission gewöhnlich 1 Procent von dem contrahirten Werte. Für Mehl beträgt die Courtage 20 Cen-

tesimi pro 100 Kilogramm. Bei Termingeschäften hat der Käufer gewöhnlich eine Darangabe von 5 Lire pro Quintale zu leisten.

3. Genua. Hauptgeschäft in Weizen. Ausgleichung der Factura mit 30 Tage Ziel. 2 % Sconto. Courtage 25 Centesimi pro 100 Kilogramm.

4. Livorno. Zahlung comptant ohne Sconto. Courtage 1 Procent, Verkaufs-Commission 2 Procent. Mehl wird verpackt in Ballen zu 100 Kilogramm. Die Qualität des Mehles wird mit A, B, C . . bezeichnet.

8. **Norwegen** und **Schweden.**

a) Norwegen. Dieses Land exportirt in geringen Mengen Hafer, während es Weizen, Roggen, Gerste, Weizen- und Roggenmehl importirt. Es bezieht sein Getreide aus Russland, Deutschland, Dänemark, Frankreich, England und Nordamerika, Weizenmehl grösstentheils aus Ungarn via den deutschen Häfen, dann auch aus Dänemark, und Roggenmehl aus Deutschland und Russland. Das Hauptgeschäft ist in Roggen, dann Gerste. Kornbörsen existiren nicht. Das Geschäft wird gemacht: *a*) durch Agenten, welche ausländische exportirende Häuser vertreten, *b*) durch Commissionäre, welche Schiffsladungen vom Auslande in Consignation empfangen und *c*) durch die Importeure.

Die Agenten machen den grössten Umsatz. Der Verkauf geschieht auf Basis der Usancen desjenigen Platzes, wo das Haus, welches der Agent vertritt, sich befindet. Die Deckung für diese Verkäufe geschieht für Russland, Deutschland und Amerika durch 3 Monate Rembours auf Hamburg; für Frankreich durch kurz Paris, für Dänemark comptant und für England durch 3 Monate Credit in offener Rechnung.

Die Commissionäre verkaufen die Ladungen, welche in Consignation hieher geschickt werden, nach hiesiger Usance, also pro norwegischer Getreidetonne in Kronen, und zwar inclusive Zoll, Maass- und Wägegeld, gegen 4 Monate Credit.

Courtage $^5/_{12}$ %, Commission 2 %.

Man rechnet hiebei:

1	Tonne	Weizen [1])	zu 260 Pfd.	(77·4	Klgr.	pro	Hectol.).
1	„	Roggen	„ 208 „	(74·6	„	„	„).
1	„	Gerste	„ 190 „	(68·1	„	„	„).

[1]) Man findet das Gewicht des Getreides in Kilogramm pro Hectoliter, wenn man das Gewicht in norwegischen Pfunden pro Tonne mit 0·3586 multiplicirt.

Die Importeure stellen dieselben Verkaufsbedingungen wie die Commissionäre, jedoch ohne Berechnung von Commission.

Die Producenten von Getreide verkaufen pro norwegischem Pfunde Netto und comptant; manchmal auch pro 100 Pfund Netto.

Zwischen den Agenten und den Importeuren findet ein nicht unbedeutendes Termingeschäft statt.

Die Qualitätsbestimmung erfolgt beim Import nach ausländischen Usancen, beim Umsatz in loco in norwegischen Pfunden pro norwegischer Tonne.

Mehl wird neuester Zeit schon pro 100 Kilogramm gehandelt, comptant mit 2 bis 3 % Escompte oder gegen 4 bis 6 Monat Accept. Agenten-Provision 2 bis 3 % incl. Delcredere.

Der Einfuhrzoll beträgt pro 100 Kilogramm für Weizenmehl 1 Krone 25 Öre und für Roggenmehl 33⅓ Öre.

Wechselcurse in Christiania:

London	per	1 £	3 Monate	in Kronen Gold
Hamburg	„	100 Mark,	3 „	„ „ „
Paris	„	100 Frcs.,	à vista	„ „ „

Schweden und Norwegen haben die gleiche Goldwährung (skandinavische Münz-Convention), wie Dänemark (siehe pag. 50).

b) Schweden. Dieses exportirt regelmässig namhafte Mengen Hafer[1]), besonders nach England, und auch kleinere Quantitäten Gerste (nach England, Holland und Norwegen), während es Roggen und Mehl von Russland und Dänemark importirt.

Das Hauptgeschäft ist beim Import in Roggen und Roggenmehl, beim Export in Hafer. Kornbörsen existiren nicht; ebenso gibt es keine gedruckten Schlussbrief-Formularien. Die Stipulationen werden beim Getreidehandel immer schriftlich vereinbart.

Das Geschäft wird hauptsächlich durch Agenten gemacht. Die Courtage beträgt ½ %, wovon Käufer und Verkäufer je die Hälfte bezahlen; Provision nach Uebereinkommen. Termingeschäft findet hauptsächlich in russischem Roggen und inländischem Hafer statt. Die Zahlung erfolgt comptant bei Empfang der Waare.

Getreide wird in Schweden für 20 Schalpfunde in Kronen notirt und verkauft; nur

---

[1]) 1878 wurden von Stockholm 3,189,666 Cubikfuss = 834,830 Hectoliter Hafer exportirt.

Weizen notirt pro 63 Kannen in Kronen, d. i. pro schwedischer Getreidetonne in Kronen.

Die Qualität wird gewöhnlich in Schalpfunden pro Getreidetonne angegeben.

Mehl notirt für 20 Schalpfunde in Kronen, comptant.

Seit Anfangs 1881 ist auf Weizenmehl ein Einfuhrzoll von einer Krone pro 100 Kilogramm gelegt.

9. **Portugal.** In Portugal wird hauptsächlich Weizen, Weizenmehl und Mais importirt. Der Hauptimport findet in amerikanischem Weizen (red winter No. 2, siehe pag. 34) und Mehl statt. Ausserdem versorgen die Häfen des schwarzen Meeres Portugal noch mit Weizen. Mais wird nur aus Amerika bezogen.

Die wichtigsten Handelsplätze sind Lissabon und Porto.

Getreide wird pro Hectoliter oder pro 10 Kilogramm oder auch nach dem alten Maasse, nämlich pro Alqueire[1]) (13·84 Liter) in Réis verkauft.

Mehl wird nur pro Kilogramm in Réis verkauft.

Portugal hat Goldwährung und rechnet nach Réis und Milréis = 1000 Réis. Das Milréis ist = 4·535 Mark = 5·60 Francs = 4 shillings $5^1/_4$ pence. London notirt portugiesische Plätze für ein Milréis in Pence, 3 Monate dato, Hamburg in Mark, 3 Monate dato.

Der Einfuhrzoll beträgt pro Kilogramm: für Weizen 10, für Roggen und Mais 9, für Gerste und Hafer 8 Réis nebst einem Zuschlag von 6 %. Für Mehl beträgt der Einfuhrzoll pro 100 Kilogramm 1360 Réis.

Kaufs-Usancen in Lissabon. Getreide aus Nordamerika (Schiffsladungen) wird pro Alqueire in Réis cif[2]) gegen 3 Monat Crediteröffnung in London geschlossen. Getreide vom schwarzen Meere (Schiffsladungen) pro 10 Kilogramm in Réis cif gegen 3 bis 4 Monate Credit mit directer Tratte auf den Käufer. Diese Geschäfte werden durch Agenten vermittelt, welche $^1/_2$ % Commission beziehen.

Loco-Verkäufe werden pro Hectoliter oder pro Alqueire in Réis abgeschlossen, wobei der Commissionär 5 Réis Commission pro 10 Liter oder pro Alqueire erhält.

Amerikanisches Getreide wird nach amerikanischer Classification (siehe pag. 33) gekauft.

---

[1]) Man rechnet in Lissabon usancemässig $2^1/_2$ Alqueires = dem amerikanischen Bushel.

[2]) cif = Abkürzung für Cost, Insurance, Freight.

Bei anderen Provenienzen wird die Qualität in Kilogramm pro Hectoliter fixirt.

Mehl pro Kilogramm in Réis auf 2 Monate Ziel oder comptant mit 1 % Escompte, ohne Courtage und Commission, da die Müller direct verkaufen. Mehl wird in Säcken à 75 Kilogramm versendet. Das für den Export bestimmte hingegen nach nordamerikanischer Usance, in Fässern zu 196 Pfund englisch = 88·9 Kilogramm Netto. Ein Export von Mehl findet nur nach den portugiesischen Colonien statt.

10. **Griechenland.** Dieses Land importirt hauptsächlich Weizen und dann Mais; ausserdem aber noch Gerste und Mehl. Weizen wird aus Russland, Rumänien und der Türkei bezogen; Mais aus Rumänien und auch schon aus Amerika, Mehl aus Russland und Oesterreich-Ungarn.[1])

Die wichtigsten Handelsplätze sind: Athen mit seinem Hafen Pyräus, Syra, Patras und Cephalonia (jonische Insel).

Getreide notirt in Griechenland gewöhnlich pro Kiló (= 35·27 Liter) in alten Drachmen, auf jonischen Inseln hingegen pro Imperial-Bushel (auch genannt Kiló) oder pro Stajo[2]) in alten Drachmen.

Als Durchschnittsgewicht rechnet man pro altem Kiló: Weizen 22, Mais 21 bis 22 Oka schwer.

Mehl notirt so wie in der Türkei (siehe pag. 44).

Oesterr.-ung. Mehl wird in Säcken à 100 Kilogramm = 78 Oka und russisches Mehl in Säcken à 5 Pud = 65 Oka importirt.

Griechenland hat das sogenannte lateinische Münzsystem eingeführt, dessen vollständige Durchführung jedoch neuerdings bis 1. Jänner 1883 (a. St.) vertagt wurde.

Im Handel rechnet man allgemein nach alten Drachmen (28 alte Drachmen = 25 Francs) und nur ausnahmsweise nach Francs oder neuen Drachmen.

Griechenland hat Papiergeld mit Zwangscurs und zwar lautend auf Franc-Währung, welches Anfangs Jänner 1882 ein Disagio von 5 % hatte.

In Athen und Patras notiren: London für 1 Livre Sterling, 3 Monate dato oder nach Sicht, in alten Drachmen, Paris für 100 Francs, 3 Monate dato oder nach Sicht, in alten Drachmen. Am 1. Jänner 1882 notirten Sichtwechsel auf London 29·80 und auf Paris 117. Triest notirt für

---

[1]) Statistische Daten über die beiden letzten Jahre liegen nicht vor. Dem „Deutschen Handels-Archiv" entnehmen wir, dass 1880 in Cephalonia für 1,538,241 Drachmen (alte) und in Patras für 3,424,845 Francs Getreide und Mehl eingeführt wurden. (D. H.-A. 1881, No. 46.)

[2]) Siehe pag. 42 Oesterreich-Ungarn.

100 Gulden österr., 3 Monate dato, in alten Drachmen, hat aber selten einen Curs.

Einfuhrzoll. Derselbe beträgt nach dem neuen Tarife vom Jahre 1880 für eine Oka: für Weizen 2·42 Lepta (Centimes), für die übrigen Getreidesorten 1·815 Centimes; für Weizenmehl 8·47 und für die anderen Mehlsorten 3·63 Centimes. Ausserdem ist noch $^1/_{30}$ des Einfuhrzolles als Transitgebühr zu entrichten, ferner Hafengebühren und 3 Francs Spesen für jede mittelst desselben Frachtbriefes eingeführte Sendung.

VI.

Frachtsätze im Getreidehandel.

Wir unterscheiden Eisenbahn-Frachtsätze, Schiffs-Frachtsätze und combinirte, auf beide Transportmittel sich beziehende Frachtsätze.

a) Eisenbahn-Frachtsätze in Deutschland und Oesterreich-Ungarn.

Die Special- und Ausnahme-Tarife für Getreide gelten immer unter der Voraussetzung, dass pro Wagen und Frachtbrief mindestens 10000 Kilogramm aufgegeben werden. Man hat aber auch Specialtarife, welche für Wagenladungen von 5000 Kilogramm gelten, wo also pro Wagen und Frachtbrief mindestens 5000 Kilogramm aufgegeben werden müssen.

Die Frachtsätze zwischen den österreichisch-ungarischen Stationen sind für 100 Kilogramm in Gulden österr., die zwischen deutschen Stationen für 100 Kilogramm in Mark fixirt.

Die Frachtsätze zwischen österr.-ungar. oder rumänischen Verband-Stationen einerseits und den Verband-Stationen Deutschlands andererseits werden pro 100 Kilogramm in Mark fixirt.

Die Frachtsätze zwischen den österr.-ungar. Verband-Stationen einerseits und den französischen, schweizerischen oder belgischen Verband-Stationen andererseits werden entweder pro 100 Kilogramm in Centimes oder pro 1000 Kilogramm in Francs fixirt.

In jenen Verbänden mit Russland, in welchen die österreichischen Bahnen nur als Transitobahnen fungiren, sind die Frachtsätze pro 100 Kilogramm oder 1000 Kilogramm in Mark oder Francs fixirt. Seit der Verschlechterung der russischen Valuta wird jedoch gewöhnlich für die russische Strecke der russische Localtarif (Frachtsatz in Kopeken) angewendet und erst von der Einbruchsstation nach dem Verbandtarife cartirt.

Für den Getreidehandel Oesterreich-Ungarns und Deutschlands sind folgende Eisenbahn-Verbände von besonderer Wichtigkeit:

1) **Süddeutscher Eisenbahn-Verband** (Verkehr mit Oesterreich-Ungarn). Mit 1. September 1881 trat ein neuer Ausnahme-Tarif für den Transport von Getreide, Malz, Hülsenfrüchten, Mühlenfabrikaten und Oelsaaten, sowie für gebrauchte, leer retourgehende Getreide- und Mehlsäcke (Theil III, Tarifheft I, Nachtrag III) in's Leben, der den Verkehr von 19 österr. und ungar. Eisenbahn-Gesellschaften und von dem Lagerhause der Stadt Wien mit 7 Eisenbahn-Gesellschaften von Süddeutschland und Elsass-Lothringen umfasst.

Dieser Ausnahme-Tarif enthält für den Verkehr zwischen den Stationen der Elisabeth-Bahn und den ausländischen Stationen directe Stationstarife und für den Verkehr zwischen den Stationen der österr. Staats-Eisenbahn-Gesellschaft (südöstliche und Wien-Neu-Szönyer Linie), dann der k. ungar. Staats-Eisenbahnen und der Arad-Temesvarer Bahn einerseits und den ausländischen Stationen andererseits Schnitt-Tarif-Tabellen, bei welch' letzteren der directe Frachtsatz durch Addition der Theilfrachtsätze bis und ab Schnittpunkt gefunden wird. In den Theilfrachtsätzen der ungar. Linien ist die Transportsteuer von 3% bereits enthalten.

Wichtig für den deutsch-österreichischen Getreidehandel ist der Punkt 5 der Tarifbestimmungen (neue Fassung, Nachtrag III, vom 1. Sept. 1881), welcher normirt, dass die Einlagerung der Getreide-Sendungen in je einem der folgenden Lagerhäuser resp. Lagermagazine zulässig ist und zwar:

a) Im Lagerhause der Stadt Wien;

b) in den Lagerhäusern der k. k. priv. österr. Staats-Eisenbahn-Gesellschaft in Wien und Budapest;

c) im Lagermagazine der Elisabethbahn in Wien (Rangirbahnhof);

d) im Lagerhause der böhm. Unionbank in Prag (Bubna);

e) in den beiden Lagerhäusern in München (Ostbahnhof), sowie im städtischen Lagerhause in München (Südbahnhof), und

f) im Lagerhause der ungar. Westbahn in Graz.

Bei den sub a) bis d) genannten beträgt die Reexpeditionsfrist 6, bei sub e) 12 und bei sub f) 3 Monate, gerechnet vom Tage des Eintreffens in den betreffenden Lagerplätzen.

Zur Bequemlichkeit haben wir aus dem oben citirten Ausnahme-Tarif für Getreide, dessen Nachtrag III mit 1. September 1881 in Wirksamkeit trat, die wichtigeren Frachtsätze für Wien, Elisabeth-Bahnhof, und für Budapest herausgezogen und stellen selbe in Folgendem zusammen:

Frachtsätze pro 100 Kilogramm	von Wien[1]) Elisabeth-Bahnhof	von Budapest[2]) d. v. (Ofen)
	Mark	Mark
nach Cannstadt	3·01	4·32
„ Carlsruhe (Bahnhof)	3·45	4·76
„ Darmstadt	3·34	4·65
„ Frankfurt a. M. (Ostbahnhof)	3·34	4·65
„ Heidelberg (Bahnhof)	3·44	4·75
„ Kaiserslautern (Hauptbahnhof)	3·87	5·18
„ Ludwigshafen a. R.	3·59	4·90
„ Mainz	3·53	4·84
„ Mannheim	3·54	4·85
„ Metz	4·51	5·82
„ Mülhausen (Elsass-Lothringen)	3·97	5·28
„ Rastatt	3·56	4·87
„ Strassburg	3·88	5·19
„ Stuttgart	3·03	4·34
„ Tübingen	3·15	4 46
„ Worms (Station)	3·58	4.89

2) **Russisch-österreichisch-deutsche Route.** Diese Route combinirt sich aus dem „südwestrussisch-österreichisch-ungarischen“ Eisenbahn-Verband und aus dem „rumänisch-galizisch-deutschen“ Getreide-Verkehr. Der erstere umfasst die Strecke von den russischen Stationen über Brody bez. Podwoloczyska (Grenzübergänge) bis Krakau; aus dem letzteren sind die Frachtsätze ab Krakau bis zu den deutschen Stationen entnommen.

Bei dieser Route kann mit einem Frachtbriefe nur von der russischen Station bis Krakau cartirt werden. In Krakau ist die Sendung mit einem neuen Frachtbriefe neuerdings zu cartiren. Mit einem Frachtbriefe müssen mindestens 10000 Kilogramm aufgegeben werden.

Die Frachtsätze setzen sich bei dieser Route aus drei Theilen zusammen. Der Streckensatz: russische Station — Schnittpunkt ist pro Wagenladung (= 10000 Kilogramm) in Rubeln; der Streckensatz: Schnittpunkt — Krakau pro 100 Kilogramm in österr. Kreuzern Noten und der Frachtsatz: Krakau — deutsche Station pro 100 Kilogramm in Mark fixirt.

Wir haben für diese Route in Nachfolgendem ein kleines Tableau zusammengestellt, welches einige wichtige russische Aufgabestationen und jene deutschen Endstationen umfasst, die wir unter „Deutschland“ (pag. 61 bis 65) besprochen haben.

[1]) Gibt man zu den in dieser Colonne mitgetheilten Frachtsätzen 0·164 Mark pro 100 Kilogramm dazu, so erhält man die directen Frachtsätze ab „Lagerhaus der Stadt Wien“.

[2]) Der Frachtsatz Budapest-Schnittpunkt beträgt 2·03 Mark.

Streckensätze

für Getreide in Quantitäten von 10000 Kilogr.

Südwestrussisch-österreichisch-ungarischer Eisenbahn-Verband.

Ab nachstehenden russischen Stationen bis Brody oder Podwoloczyska.

Station	Frachtsatz pro 10000 Kilogramm in Rubeln	
Kursk	108,84	Tarif vom 3/15. November 1881.
Orel	127,07	" " " " " "
Charkow	144,09	" " " " " "
Jeletz	153,18	" " " " " "
Grjasi	165,19	" " " " " "
Bachmatsch	87,61	" " " " " "

Ab Brody bezw. Podwoloczyska bis Krakau

Strecke	Frachtsatz pro 100 Kilogramm in österr. Kreuzern Noten	
Brody—Krakau	108,65	Nachtr. II ab $\frac{20.\ \text{Mai}}{1.\ \text{Juni}}$ 1881 zum
Podwoloczyska—Krakau	129,44	Tarif vom $\frac{19.\ \text{Juni a.}}{1.\ \text{Juli n.}}$ St. 1880.

Rumänisch-galizisch-deutscher Getreide-Verkehr

Ab Krakau nach

Station	Frachtsatz pro 100 Kilogramm in Mark	
Berlin	2,83	Tarif vom 1. Januar 1880.
Bremen	4,36	Tarif vom 1. Januar 1880.
Breslau	1,43	Tarif vom 1. Januar 1880.
Danzig	3,54	Tarif vom 1. Januar 1880.
Dresden	2,58	Tarif vom 1. Januar 1880.
Frankfurt a. M.	4,82	Tarif vom 20. Januar 1880.
Hamburg	4,29	Tarif vom 1. Januar 1880.
Königsberg	4,13	Tarif vom 1. Januar 1880.
Leipzig	3,07	Tarif vom 1. Januar 1880.
Stettin	3,09	Tarif vom 1. Januar 1880.

3) **Rumänisch-galizisch-deutscher Verkehr.** Dieser Verkehr umfasst die Kaiser Ferdinands-Nordbahn, Carl Ludwigbahn, Albrechtbahn, Lemberg-Czernowitz-Jassy-Bahn und die rumänische Eisenbahn-Gesellschaft einerseits und die Stationen von norddeutschen Eisenbahnen andererseits.

Im Nachfolgenden haben wir aus diesen Ausnahme-Tarifen eine kleine Tabelle zusammengestellt, welche die Frachtsätze zwischen den wichtigsten rumänischen und galizischen Plätzen einerseits und jenen norddeutschen Plätzen, welche Getreidebörsen besitzen und die in früheren Capiteln speciell besprochen wurden, veranschaulichet.

Die Frachtsätze gelten pro 100 Kilogramm in Mark und für ganze Waggonladungen von 10000 Kilogramm.

Von oder nach	Berlin	Bremen	Breslau	Danzig	Dresden
	Frachtsätze pro 100 Kilogr. in Mark				
Bukarest	7·529	9·059	6·129	8·239	6·839
Braila	6·995	8·525	5·595	7·705	6·305
Galatz	6·991	8·521	5·591	7·701	6·301
Jassy	5·86	7·39	4·46	6·57	5·17
Roman	5·83	7·36	4·45	6·54	5·14
Bottuschan	5·65	7·18	4·25	6·36	4·96
Suczawa	5·56	7·09	4·16	6·27	4·96
Czernowitz	5·27	6·80	3·87	5·98	4·96
Brody	[1]	6 08	3·15	5·26	3·86
Podwoloczyska	[1]	6·45	3·52	5·63	4·23
Lemberg	4·30	5 83	2·90	5·01	3·86
Krakau	2·83	4·36	1·43	3·54	2·58

Von oder nach	Frankfurt a. M.	Hamburg	Königsberg.	Leipzig	Stettin
	Frachtsätze pro 100 Kilogr. in Mark				
Bukarest	9 219	8·989	8·829	7·429	7·789
Braila	8·685	8·455	8·295	6·895	7·255
Galatz	8·681	8·451	8·291	6·891	7·251
Jassy	7·55	7·32	7·16	5 76	6·12
Roman	7·52	7·29	7·13	5·73	6·09
Bottuschan	7·34	7·11	6·95	5·55	5·91
Suczawa	7 34	7·02	6·86	5·55	5·82
Czernowitz	7·26	6·73	6·57	5·51	5·53
Brody	6·24	6·01	5 85	4·45	4·81
Podwolocyska	6·61	6·38	6·22	4·82	5·18
Lemberg	6·24	5·76	5·60	4·45	4·56
Krakau	4·82	4·29	4·13	3·07	3·09

4) **Deutsch-russischer Eisenbahn-Verband.** Der Specialtarif für Getreide aus dem Gütertarif im deutsch-russischen Eisenbahnverbande fixirt die Frachtsätze pro 100 Kilogramm. Derselbe trat mit 1. Januar 1880 in Wirksamkeit und enthält nur Schnitt-Tariftabellen. Die Frachtsätze setzen sich daher aus zwei Theilen zusammen: russische Station — Schnittpunkt und Schnittpunkt — deutsche Station. Der Frachtsatz für die Strecke russische Station — Schnittpunkt ist in Rubel und Kopeken, jener für die Strecke Schnittpunkt — deutsche Station in Mark fixirt. Die Grenzübergangspunkte sind: Alexandrowo, Sosnovice und Wirballen.

[1]) Vom 10. April 1882 sind für die Stationen Brody und Podwoloczyska nach Berlin folgende Ausnahmesätze zur Einführung gelangt:

Brody loco und transit — Berlin ö. W. fl. 0·10, Kopeken 107 3, Mark 1·61.

Podwoloczyska loco und transit — Berlin ö. W. fl. 0·10, Kopeken 125·0, Mark 1·61.

Im Nachfolgenden haben wir aus diesem umfangreichen Specialtarife eine kleine Tabelle zusammengellt, welche die Frachtsätze zwischen den wichtigsten russischen Stationen einerseits und jenen Plätzen Deutschlands, welche wir pag. 61 bis 65 besprochen haben, andererseits enthält:

Von oder nach		Kursk		Orel		Charkow		Jeletz		Graesi		Smolensk	
		Wagenladung von											
		5M	10M	5M	10M	5M	10M	5M	10M	5M	10M	5M	10M
		Kilogramm											
		Frachtsätze pro 100 Kilogramm											
Berlin	Rubel	2,90	1,96	2,30	1,49	3,35	2,31	2,52	1,80	2,53	1,93	2,20	1,35
	Mark	2,08	1,64	3,79	2,47	2,08	1,64	3,79	2,47	3,79	2,47	2,08	1,64
Bremen	Rubel	2,90	1,96	2,30	1,54	3,35	2,31	2,52	1,80	2,53	1,93	2,20	1,35
	Mark	3,87	3,13	5,42	3,87	3,87	3,13	5,42	3,87	5,42	3,87	3,87	3,13
Breslau	Rubel	3,05	2,06	3,38	2,26	3,50	2,41	3,60	2,52	3,61	2,65	2,36	1,45
	Mark	0,99	0,75	0,99	0,75	0,99	0,75	0,99	0,75	0,99	0,75	0,99	0,75
Danzig	Rubel	2,27	1,97	2,30	1,54	2,79	2,49	2,52	1,80	2,53	1,93	—	—
	Mark	1,82	1,48	1,82	1,48	1,82	1,45	1,82	1,45	1,82	1,45	—	—
Dresden	Rubel	2,90	1,96	2,30	1,54	3,35	2,31	2,52	1,80	2,53	1,93	2,36	1,35
	Mark	2,67	2,22	4,27	3,26	2,67	2,22	4,27	3,26	4,27	3,26	2,67	2,22
Frankfurt a. M.	Rubel	2,90	1,96	2,30	1,54	3,35	2,31	2,52	1,80	2,53	1,93	2,20	1,35
	Mark	4,78	4,08	6,28	4,94	4,78	4,08	6,28	4,94	6,28	4,94	4,78	4,08
Hamburg	Rubel	2,90	1,96	2,30	1,54	3,35	2,31	2,52	1,80	2,53	1,93	2,20	1,35
	Mark	3,78	3,06	5,33	3,80	3,78	3,06	5,33	3,80	5,33	3,80	3,78	3,06
Königsberg	Rubel	2,27	1,45	2,30	1,54	2,79	2,04	2,52	1,80	2,53	1,93	—	—
	Mark	0,85	0,70	0,85	0,70	0,85	0,44	0,85	0,70	0,85	0,70	—	—
Leipzig	Rubel	2,90	1,96	2,30	1,54	3,35	2,31	2,52	1,80	2,53	1,93	2,20	1,35
	Mark	2,91	2,38	4,43	3,26	2,91	2,38	4,43	3,26	4,43	3,26	2,91	2,38
Stettin	Rubel	2,90	1,96	2,30	1,54	3,35	2,31	2,52	1,80	2,53	1,93	2,20	1,35
	Mark	1,84	1,56	3,46	2,87	1,84	1,56	3,46	2,87	3,46	2,87	1,84	1,56

Aus dieser Tabelle entnehmen wir, dass z. B. der Frachtsatz Charkow-Berlin für Wagenladungen von 10000 Kilogramm beträgt:

Charkow-Schnittpunkt 2·31 Rubel } pro 100 Kilogramm
Schnittpunkt-Berlin 1·64 Mark }

mithin die Fracht für eine Wagenladung 231 Rubel und 164 Mark ausmacht.

5) **Russisch-schweizerisch-französischer** Verkehr via Podwoloczyska, respective Brody - Krakau - Wien - Simbach (giltig seit 1. September 1879). Derselbe enthält die Frachtsätze für Getreide bei Waggonladungen von 10000 Kilogramm pro metrischer Tonne (1000 Kilogramm) in Francs.

Wir citiren daraus jene Frachtsätze, welche zwischen Odessa-Quarantaine, Schmerinka und Kiew einerseits und Lindau, Romanshorn, Winterthur, Zürich, Basel, Delle, Verrières, Genf (alle transit) andererseits gelten.

Von		Odessa-Quarantaine	Schmerinka	Kiew
nach Lindau	transit	94·20	78·45	86·70
„ Romanshorn	„	97·20	81·45	89·70
„ Winterthur	„	102·80	87·05	95·30
„ Zürich	„	104·60	88·85	97·10
„ Basel	„	105·85	90·10	98·35
„ Delle	„	109·05	93·30	101·55
„ Verrières	„	110·20	94·45	102·70
„ Genf	„	113·50	97·75	106·00

Dieser Verband vermittelt den Verkehr zwischen den russischen und französischen Stationen.

Für den rumänisch-französischen Verkehr gelten folgende Frachtsätze für die Verbandstrecke pro 1000 Kilogramm in Francs bei Wagenladungen von 10000 Kilogramm:

Suczawa	transit	bis	Basel	transit	89·65.
„	„	„	Delle	„	92·85.
„	„	„	Verrières	„	94·00.
„	„	„	Genf	„	97·30.

6) **Galizisch - Süddeutscher Verkehr.** Wir citiren daraus folgende Frachstätze:

Heft I. Verkehr Galizien-Bayern. In dem bezüglich vom 1. Februar 1882 giltigen Ausnahme-Tarife für Getreide, Malz, Hülsenfrüchte, Mahlproducte und Oelsaaten sind u. a. nachstehende directe Frachtsätze enthalten:

Frachtsätze pro 100 Kilogramm in Mark.

Nach oder von	Von oder nach					
	Podwoloczyska	Brody	Tarnopol	Czernowitz.	Krakau	Lagerhaus der Stadt Wien
Aschaffenburg	6·27	5·95	6·10	6·50	4·62	3·114
Augsburg	5·29	4·97	5·12	5·52	3·64	2·134
Bamberg	5·62	5·30	5·45	5·85	4·03	—
Crailsheim	5·82	5·50	5·65	6·05	4·17	2·664
Hof	5·11	4·79	4·94	5·34	3·52	—
München Centralbhf.	5·01	4·69	4·84	5·24	3·36	1·854
Nördlingen	5·61	5·29	5·44	5·84	3·96	2·454
Nürnberg	5·41	5·09	5·24	5·64	3·76	2·254
Regensburg	4·96	4·64	4·79	5·19	3·31	1·804
Ulm	5·67	5·35	5·50	5·90	4·02	2·514
Würzburg	5·86	5·54	5·69	6·09	4·21	2·704

Heft II. Verkehr Galizien-Württemberg, Baden und Elsass-Lothringen wird demnächst zur Ausgabe gelangen und dürften mit demselben nachstehende directe Frachtsätze für Getreide, Malz, Hülsenfrüchte, Mahlproducte und Oelsaaten in Wirksamkeit treten:

Frachtsätze pro 100 Kilogramm in Mark.

Nach oder **von**	**Von** oder **nach**					
	Podwolo-czyska	Brody	Tarnopol	Czerno-witz	Krakau	Lagerhaus der Stadt Wien
Stationen der Württembergischen Staats-Eisenbahnen.						
Heilbronn	6·24	5·92	6·07	6·47	4·59	3·084
Jagstfeld	6·29	5·97	6·12	6·52	4·64	3·134
Mengen	5·59	5·30	5·44	5·81	4·41	2·904
Stuttgart	6·12	5·80	5·95	6·35	4·47	2·964
Tübingen	6·06	5·77	5·91	6·28	4·59	3·084
Stationen der Badischen Staats-Eisenbahnen.						
Freiburg	6·25	5·96	6·10	6·47	5·28	4·004
Kehl	6·22	5.93	6·07	6·44	5·24	3·734
Müllheim	6·12	5·83	5·97	6·34	5·15	3·874
Karlsruhe	6·46	6·17	6·31	6·68	4·89	3·384
Stationen der Eisenbahnen in Elsass-Lothringen.						
Avricourt	6·75	6·46	6 60	6 97	5·68	4·184
Metz	7·03	6·74	6·88	7·25	5·94	4·404
Mülhausen i. E.	6·19	5·90	6·04	6·41	5·22	3·754
Strassburg	6·34	6·05	6·19	6·56	5·30	3·814

7) **Verbände zwischen den ungarischen Eisenbahnen und den Eisenbahnen Norddeutschlands.**

Frachtsätze pro 100 Kilogramm in Mark.

a) Ostdeutsch-ungarischer Verband. Derselbe vermittelt den Verkehr zwischen den Hauptbahnen Ungarns und den Eisenbahuen des östlichen Theiles von Norddeutschland. Der Ausnahmetarif für Getreide (Theil II. B.) trat mit dem 1. October 1881 in Wirksamkeit. Derselbe enthält directe Stationstarife, nur für die directe Beförderung von leeren gebrauchten Säcken kommen Schnitttarife in Anwendung.

Wir heben aus diesem Tarife zur Vergleichung folgende Frachtsätze heraus:

		Getreide	leere Säcke
Budapest —	Breslau	2·98	3·07
„	Danzig	4·69	5·61
„	Königsberg (Preussen)	5·47	6·33

b) Deutsch-ungarischer Verband. Directer Verkehr zwischen den Stationen der ungarischen Bahnen und Hamburg, Lüneburg, Wittenberge, Spandau, Lübeck, Stettin, Swinemünde. Berlin, Bremen, Bremerhafen, Geestemünde, Harburg. Giltig seit 1. Januar 1880.

Wir citiren daraus:

Budapest — Hamburg 5·27 (5·50 für leere Säcke)
„ Stettin 4·32 (4·74 „ „ „)
„ Berlin 3·88 (4·29 „ „ „)
„ Bremen 5·34 (5.58 „ „ „)

Ausnahmetarif Nr. 7c (Getreide-See-Export-Tarif) fixirt: Budapest — Hamburg 4·82, Budapest — Stettin 4·12, Budapest — Bremen 4.82.

Diese finden jedoch nur Anwendung bei directer Sendung und wenn die Weiterverfrachtung nach einem ausserdeutschen Hafen stattfindet.

c) Thüringisch-sächsisch-ungarischer Verband. Theil III. Ausnahmetarif 5). Verkehr zwischen den Stationen der ungarischen Bahnen und den sächsich-thüringischen Bahnen. Giltig seit 15. September 1881.

Wir citiren daraus:

Budapest — Dresden (Altstadt) 3·50 (Neustadt) 3·54,
„ Leipzig 3·88

8) **Verbände zwischen den österreichischen Eisenbahnen und den Eisenbahnen Norddeutschlands.**

Frachtsätze pro 100 Kilogramm in Mark.

a) Ostdeutsch-österreichischer Verband. Derselbe vermittelt den Verkehr zwischen den Stationen der von Wien nach Deutschland gehenden Eisenbahnen mit den Eisenbahnen des östlichen Theiles von Norddeutschland. Giltig ab 1. Januar 1880.

b) Deutsch-österreichischer Verband. Directer Verkehr zwischen den Stationen österr. Bahnen und Hamburg, Lüneburg. Wittenberge, Spandau, Lübeck, Stettin, Swinemünde, Berlin, Bremen, Bremerhafen, Geestemünde, Harburg. Giltig ab 1. Januar 1880, Nachtrag vom 1. Juni 1880.

Wir citiren daraus:

Wien — Hamburg 4·70, Wien — Stettin 3·62
Wien — Berlin 3·24, Wien — Bremen 4·61

für den See-Export:
Wien — Hamburg 4·40, Wien (Lagerhaus) — Hamburg 4·46, Wien — Bremen 4·40, welche Sätze jedoch nur zur Anwendung kommen, wenn eine Weiterverfrachtung nach einem ausserdeutschen Hafen stattfindet.

c) Sächsisch-österreichischer Verband. Verkehr zwischen den Stationen der österr. Bahnen und jenen der sächsischen Bahnen. Giltig seit 1. Februar 1882.

Wir citiren daraus:

Wien — Dresden (Altstadt) 2·68, (Neustadt) 2·72,
„ Leipzig 3·02.

d) Bayerisch-österreichischer Verband. Verkehr zwischen den Stationen der bayerischen Bahnen und jenen der österreichischen Bahnen. Giltig seit 1. September 1881.

Wir citiren daraus:

Wien — München C. B. 1·91 Mark, Wien — Lindau 344 Cent.

b) Combinirte Frachtsätze.

Für Deutschland und Oesterreich-Ungarn sind von besonderer Wichtigkeit die combinirten Tarife für den directen Güterverkehr zwischen der Ersten k. k. priv. Donau-Dampfschiffahrts-Gesellschaft und den verschiedenen österreichisch-ungarischen, deutschen und ausländischen Bahn-Gesellschaften, dann zwischen der österreichischen Nordwest-Dampfschiffahrts-Gesellschaft und einigen österreichischen Eisenbahn-Gesellschaften, ferner zwischen dem Mainzer Schlepp-Dampfschiffahrts-Verein und verschiedenen deutschen und österr. Bahn-Gesellschaften und endlich zwischen dem österreichisch-ungarischen Lloyd und verschiedenen österreichisch-ungarischen und deutschen Bahn-Gesellschaften.

α) Der Donau-Verkehr. Auf der Donau bestehen folgende Umschlagplätze: Wien, Korneuburg und Klosterneuburg (beide oberhalb Wien) für den Verkehr nach Norddeutschland; dann Kaiserebersdorf (unterhalb Wien), Passau und Simbach am Inn für den Verkehr nach Süddeutschland, der Schweiz und Frankreich, und endlich Regensburg für den Verkehr via Gustavsburg am Rhein nach Holland, Belgien und Grossbritannien.

Der Gesammt-Frachtsatz setzt sich zusammen aus der Wasserfracht bis zum Umschlagplatz und aus der Fracht ab Umschlagplatz bis zur Bestimmungsstation. Die Frachtsätze sind in Mark oder Centimes pro 100 oder 1000 Kilogramm fixirt. Dieselben kommen von rumänischen. bulgarischen und serbischen Stationen in Anwendung bei Aufgabe ganzer Schleppladungen von mindestens 250 metrischen Tonnen (2500 metrische Centner), beziehungsweise bei Waggonladungen von 10 Tonnen (à 1000 Kilogr.) bei Weiterexpedition per Bahn und bei günstigem Wasserstande am eisernen Thore. Dieselben enthalten die Kosten der Assecuranz. der ungarischen Transportsteuer, dann der Umladung in den Umschlagsstationen, während die Einladung in die Schleppe die Partei auf ihre Kosten selbst zu besorgen hat. Die Frachtberechnung erfolgt für 100 Kilogramm und werden jede angefangenen 10 Kilogramm für voll angenommen.

Bei ungünstigem Wasserstande am eisernen Thore ist die Gesellschaft berechtigt, die Ladungen für Rechnung der Partei zu lichten, und werden in solchen Fällen von der vollen oder ganzen ursprünglichen Ladung folgende Frachtzuschläge berechnet:

Bei einem Wasserstande zwischen 131—190 Centimeter am Orsovaer Pegel 40 Pfennige pro 100 Kilogramm; bei einem Wasserstande zwischen 190—225 Centimeter am Orsovaer Pegel 20 Pfennige pro 100 Kilogramm; über 225 Centimeter fällt der oben gesagte Frachtzuschlag weg. Für die Ausführung der Schiffslichtung übernimmt die Gesellschaft keinerlei Verpflichtung.

Die Frachtsätze von ungarischen Stationen kommen in Anwendung bei Aufgabe von oder bei Frachtzahlung von mindestens 10,000 Kilogramm pro Frachtbrief und Wagen, und enthalten die Kosten der ung. Transportsteuer, der Einladung, der Assecuranz, dann der Umladung in den Umschlagplätzen, und bei den Routen nach Genf, Lindau transit, Romanshorn und Rohrschach auch noch die des Abladens von den Eisenbahn-Waggons. Bei der Frachtberechnung werden jede angefangenen 10 Kilogramm voll gerechnet.

Bei Getreidesendungen alla rinfusa werden für das Füllen der Säcke, Binden, Verwiegen — wenn diese Verrichtungen von gesellschaftlichen Organen besorgt werden — 8 Pfennige pro 100 Kilogramm separat in Rechnung gestellt.

Im Donau-Verkehre bestehen folgende Special- bez. Ausnahme-Tarife:

1) Zwischen ung. Stationen der D. D. G.[1]) und Stationen der K. bayr. Staats-Eisenbahnen, via Passau oder Kaiserebersdorf.

---

[1]) Lies Donau-Dampfschiffahrts-Gesellschaft.

2) Zwischen ung. Stationen der D. D. G. und Stationen der Württembergischen und Badischen Staatsbahnen, der Main-Neckar-Bahn, der Bayrisch-Pfälzischen Eisenbahnen, der Hessischen Ludwigsbahn, der Eisenbahnen in Elsass-Lothringen, der Luxemburgischen Wilhelmsbahn und des links-rheinischen Eisenbahn-Bezirkes Köln, ebenfalls via Passau oder Kaiserebersdorf.

3) Zwischen ung. Stationen der D. D. G. und Genf loco und transit, via Passau und Kaiserebersdorf.

4) Zwischen ung. Stationen der D. D. G. und Lindau transit, Romanshorn und Rohrschach via Passau und Kaiserebersdorf.

5) Zwischen ung. Stationen der D. D. G. und Constanz, Schaffhausen und Basel (die beiden letzteren als Stationen der schweizer. Nordost-Bahn, als auch als Stationen der Badischen Staatseisenbahn), via Passau oder via Kaiserebersdorf.

6) Zwischen ung. Stationen der D. D. G. und Stationen der Werra-Eisenbahn, via Passau oder via Kaiserebersdorf.

7) Zwischen rumänischen, bulgarischen und serbischen Stationen der D. D. G. und jenen der K. bayrischen Staatsbahnen, via Passau oder via Kaiserebersdorf.

8) Zwischen rumänischen, bulgarischen und serbischen Stationen der D. D. G. und Stationen der Württembergischen und Badischen Staatsbahnen, der Main-Neckar-Bahn, der Pfälzischen und der Hessischen Ludwigsbahn, via Passau oder Kaiserebersdorf.

9) Zwischen rumänischen, bulgarischen und serbischen Stationen der D. D. G. und Lindau transit, Romanshorn und Rohrschach, via Passau oder via Kaiserebersdorf, und den Stationen der Eisenbahnen in Elsass-Lothringen und Luxemburg.

Ein Uebernahms-Tarif besteht ab Budapest via Regensburg-Gustavsburg nach holländischen und belgischen Plätzen, und dann nach Liverpool, Hull, Glasgow, Leith, Newcastle und London in Grossbritannien.

Ferner besteht noch ein Uebernahms-Tarif ab Budapest via Nordbahnlände (Wien), Korneuburg oder Klosterneuburg nach den böhmischen Stationen.

Die Frachtsätze der Ausnahme-Tarife sind nach deutschen Stationen in Mark, nach Genf, Lindau transit, Romanshorn, Rohrschach, Schaffhausen und Basel in Centimes für 100 Kilogramm fixirt; beim Uebernahms-Tarif via Regensburg-Gustavsburg jedoch für 1000 Kilogramm (Tonne) in Mark.

Die Tarife sind Schnitt-Tarife, bei welchen sich der Frachtsatz aus 2 Theilen zusammensetzt, nämlich Aufgabsstation-Schnittpunkt resp. Schnittpunkt-Endstation.

So gibt der sub 1) genannte Ausnahme-Tarif
Budapest-Schnittpunkt...... 1·09

Umschlag- platz Passau	Schnittpunkt-München	(Centralbahnhof)	1·92
	„ „	(Ostbahn- „)	1·88
	„ „	(Südbahn- „)	1·90
Umschlag- platz Kaiser- ebersdorf	„ „	(Centralbahnhof)	1·99
	„ „	(Ostbahn- „)	1·95
	„ „	(Südbahn- „)	1·97

es beträgt daher z. B. die Fracht für 100 Kilogramm Budapest - München (Centralbahnhof, Umschlagplatz Passau) 3·01 Mark.

Von besonderer Wichtigkeit sind die Ausnahme-Tarife sub 3), 4) und 9). Der Ausnahme-Tarif nach Genf enthält als Anhang den Special-Tarif No. 1 (P.-V.) der Paris-Lyon-Mittelmeer-Bahn, dessen Frachtsätze bei Aufgabe von mindestens 500 Kilogramm für 1000 Kilogramm (französische Bahnhofspesen inbegriffen) in Francs und Centimes fixirt sind. Die Frachtsätze der Relation Genf transit sind niedriger als Genf loco und enthalten 2 Rubriken, deren Anwendung davon abhängt, nach welcher Station der Paris-Lyon-Mittelmeer-Bahn die Sendung zu dirigiren ist.

Wir citiren daraus:

Budapest-Genf loco	(via Passau)	697	Centimes
„ „ transit A	(„ „)	636	„
„ „ „ B	(„ „)	539	„

für 100 Kilogramm, welche Frachtsätze auf Grund der mit 1. August 1881 in Wirksamkeit getretenen Kürzungstabelle um je 22 Centimes zu reduciren sind.

Der Ausnahme-Tarif nach Lindau transit, Romanshorn und Rohrschach enthält wieder die Anschluss-Taxen nach den vorarlbergischen und schweizerischen Stationen.

Wir citiren daraus:

Budapest-Romanshorn (via Passau) 508 Centimes für 100 Kilogramm, um 22 Centimes laut Kürzungstabelle zu reduciren.

Rustzuk-Romanshorn (via Passau) 675 Centimes für 100 Kilogramm.

Aus dem Uebernahms-Tarif nach Holland, Belgien und Grossbritannien citiren wir:

Budapest-Antwerpen	46	Mark	für 1000 Kilogramm und ab Gustavsburg ganz zu Wasser.
„ Rotterdam	46	„	
„ Liverpool	57 85	„	

β) Der Elbeverkehr. Auf dieser Wasserstrasse wurde der Verkehr bisher besorgt: von der Prager Dampf- und Segel-Schiffahrts-Gesellschaft, von der Ketten-Schleppschiffahrt der Ober-Elbe in Dresden, von der Elb - Dampfschiffahrts - Gesellschaft in Dresden, von dem Verbande der oberelbischen Schiffer und endlich von einer Anzahl Privatschiffer. Zu diesen Unternehmungen ist im vorigen Jahre eine neue hinzugekommen, welche namentlich für den österr.-ungar. Getreide-Export von grosser Wichtigkeit ist, nämlich die österreichische Nordwest-Dampfschiffahrts-Gesellschaft. Diese neue Gesellschaft hat die Prager Gesellschaft bereits in sich aufgenommen und dürfte wahrscheinlich auch noch die „Kette" (Dresden) in sich aufnehmen.

Der Umschlagplatz der österreich. Nordwest-Dampfschifffahrts-Gesellschaft (kurz N. D. G.) ist Laube resp. $\frac{\text{Tetschen}}{\text{Bodenbach}}$-Landungsplatz. Der Verkehr geht vom Umschlagplatz bis nach Hamburg (Thalfahrt) und von Hamburg bis zum Umschlagplatz (Bergfahrt). Die N. D. G. hat combinirte Tarife mit den Stationen der Kaiser Ferdinands-Nordbahn, der österr. Staats-Eisenbahn-Gesellschaft, der Turnau-Kralup-Prager Eisenbahn, der österr. Nordwestbahn und der Süd-Norddeutschen Verbindungsbahn.

Die Tarif-Classen sind:

Stückgut-Classe I und II,
Allgemeine Wagenladungs-Classe A, B, C_1, u. C_2,
Special-Tarif A_2, I, II und III,
Ausnahme-Tarife 1 bis incl. 12b.

Die Frachtsätze sind für 100 Kilogramm in Mark fixirt und verstehen sich bis resp. ab Bordseite der Seeschiffe, resp. sofern die Stellung der Güter bis zu den Speichern oder die Abholung von denselben mittelst sogenannter Schuten (Lichterschiffe) gewünscht wird, inclusive der hiefür entfallenden Gebühren. Die Umschlaggebühr in Laube resp. $\frac{\text{Tetschen}}{\text{Bodenbach}}$ Landungsplatz ist im Frachtsatze nicht mit inbegriffen und beträgt je nach der Tarif-Classe 6 bez. 3·5 Pfennige für je angefangene 100 Kilogramm. Soll das Gut mittelst Eildampfer befördert werden, so werden Frachtzuschläge noch eingehoben, welche je nach der Tarif-Classe 9 bis 28 Pfennige für 100 Kilogramm betragen.

Die N. D. G. fixirt für den directen combinirten Verkehr mit Hamburg die Lieferungszeit mit

a) für die Thalfahrt Laube-Hamburg:
Expeditionsfrist 4, mit Eildampfer 3 Tage,
Transportfrist 7, „ „ 5 „

b) für die Bergfahrt Hamburg-Laube:
Expeditionsfrist 4, mit Eildampfer 3 Tage,
Transportfrist 12, „ „ 9 „

In den Tarifen ist auch die Prämie für die allgemeine Versicherung, resp. für den Geldwert der Haftung bis zur Höhe des gemeinen Handelswertes, in maximo für 120 Mark pro 100 Kilogramm enthalten.

Für den Getreidehandel ist der Ausnahme-Tarif No. 9 massgebend, welcher den Transport von Getreide aller

Art und Mühlenfabricate umfasst, und der Anwendung findet, wenn 10,000 Kilogramm pro Frachtbrief und Wagen aufgegeben werden.

Wir citiren daraus:

Nach Hamburg von	Getreide.	Mühlen-fabricate.	Zuschlag für Eildampfer.	Umschlag-gebühr in Laube.
	Mark für 100 Kilogramm.			
Aussig	0·99	0·94	für Getreide 0·11, für Mühlenfabricate 0·10.	3·5 Pfennige für je angefangene 100 Kilogramm.
Brünn	2·61	2·56		
Olmütz	2·59	2·54		
Prag	1·53	1·48		
Wien[1])	2·85	2·80		

γ) Der Rhein-Verkehr. Auf dieser Wasserstrasse, welche namentlich für den Transport von überseeischem Getreide von grösster Wichtigkeit ist, wird der Verkehr von Rotterdam nach Mannheim und retour besorgt: von dem Mainzer Schlepp-Dampfschiffahrts-Verein, von der bayerisch-pfälzischen Dampfschleppschiffahrt in Ludwigshafen a./R., von der Frankfurter Actiengesellschaft für Main- und Rheinschiffahrt in Frankfurt a./M., von der Mannheimer Dampf-Schleppschiffahrts-Gesellschaft in Mannheim und von der niederländischen Dampfschiff-Rhederei in Rotterdam.

Den directen Schleppdienst zwischen Antwerpen und Mannheim und vice versa besorgt ausschliesslich der Mainzer Schlepp-Dampfschiffahrtsverein.

Die Hauptumschlagplätze am Rhein sind: Mannheim, Mainz-Gustavsburg, Coblenz, Köln, Düsseldorf. Die Frachtsätze werden gewöhnlich pro Last (= 2000 Kilogramm) in Mark oder Gulden holländisch, inclusive Schlepplohn, gestellt und hiebei fix 300 Pfennige = 175 Cents holl. gerechnet.

Die Frachtsätze variiren ziemlich bedeutend. Gegenwärtig betragen dieselben für Getreide pro Last circa:

Von	Rotterdam	nach	Mannheim	$10^3/_4$	bis	$11^1/_2$	Mark
„	Mannheim	„	Rotterdam	7	„	8	„
„	Antwerpen	„	Mannheim	14	„	15	„
„	Mannheim	„	Antwerpen	11	„	12	„

Diese Frachtsätze gelten jedoch nur bei Verladungen von mindestens 100 Last. Bei kleineren Quantitäten erhöhen sich diese Frachtsätze um 1 bis 2 Mark pro Last.

Für den österr.-niederländisch-belgischen Verkehr besteht ein combinirter Uebernahms-Tarif (No. 2) zwischen dem Mainzer Schlepp-Dampfschiffahrts-Verein und den betreffenden Eisenbahngesellschaften. Derselbe vermittelt den directen Güterverkehr

[1]) Hamburg-Wien 1131 Kilometer.

zwischen Rotterdam, Amsterdam und Antwerpen rheinabwärts bis *Gustavsburg* und Stationen der Kaiserin Elisabeth-Bahn, der böhmischen Westbahn, der Buschtehrader Bahn und der Kaiser-Franz-Josef-Bahn, jeweils gültig für die Dauer der Rheinschiffahrt.

Dieser combinirte Tarif fixirt die Frachtsätze pro 100 Kilogramm in Mark, wobei fix 1 Mark = 59½ Cents holländisch gerechnet wird, bis Rotterdam und umgekehrt. Von und nach Amsterdam erhöhen sich diese Frachtsätze um 24 Pfennige pro 100 Kilogramm. Für Antwerpen gelten dieselben Sätze wie für Amsterdam und wird hiebei eine Mark = 125 Centimes gerechnet.

In den Frachtsätzen ist die Vergütung für die Kosten der Ueberladung in Gustavsburg sowie für die Controle, welche seitens der Zollbehörde bei Ueberladung der unter Begleitschein gehenden Güter auszuüben ist, enthalten. Die Uebernahmssätze verstehen sich franco Rheinschiff bezw. franco Waggon der betreffenden Endstation. Bestimmte Lieferfristen werden nicht garantirt. Die Thalfahrt Gustavsburg-Rotterdam dauert in der Regel 5, die Bergfahrt Rotterdam-Gustavsburg 8 Tage.

Aus dem für die Schiffahrts-Saison 1882 geltenden Uebernahme-Tarif citiren wir (Ausnahme-Tarif 11 für Getreide und Mühlenfabricate) folgende Frachtsätze:

Wien-Rotterdam	4·27	Mark
Prag- „	3·42	„
Kaiserebersdorf[1])-Rotterdam ..	4·31	„

Ein anderer combinirter Uebernahme-Tarif besteht mit der Donau-Dampfschiffahrts-Gesellschaft ab Budapest via Regensburg-Gustavsburg (siehe pag. 86).

δ) Der Verkehr des österr.-ung. Lloyd. Diese Schiffahrts-Gesellschaft publicirte im Jänner 1882 zwei Export-Tarife: einen nach italienischen und levantinischen Häfen und einen nach Indien, China, Japan und Australien (via Suez-Canal). Nach Amerika ging Ende Februar 1882 versuchsweise ein Lloyddampfer ab, für welchen der Lloyd in Verbindung mit der Südbahn directe Frachtsätze fixirte.

Die Frachtsätze des Lloyd sind ab Triest oder ab Fiume dieselben, und sind in Gulden österr. Gold (20 Francs = 8 Gulden Gold) ab Triest oder Fiume fixirt.

Nach den italienischen und levantinischen Häfen sind die Frachtsätze für Güter für 100 Kilogramm gestellt, und zwar gilt der einfache Frachtsatz nur, wenn die Güter mehr als 10 Kilogramm

---

[1]) Umschlagplatz der Donau-Dampfschiffahrts-Gesellschaft.

pro englischen Cubikfuss (353 Kilogramm pro Cubikmeter) wiegen. Für Getreide und Mehl ist also der einfache Frachtsatz anzuwenden.

Wir citiren daraus: nach Constantinopel 0·90, nach Varna oder Port Said 1·00 und nach Odessa, Braila oder Galatz 1·20. Diese Frachtsätze finden Anwendung für den Mehlexport nach dem Orient.

Nach Indien, China, Japan und Australien sind die Frachtsätze fixirt pro Schiffstonne von 40 Cubikfuss engl. und pro 1000 Kilogramm. Die ersteren finden Anwendung, wenn das Frachtgut weniger als $12^1/_2$ Kilogramm pro Cubikfuss engl. wiegt; letztere für alle Frachtgüter, die $12^1/_2$ Kilogramm oder mehr pro Cubikfuss engl. wiegen.

Auf dieser Route existirt ein directer Verkehr nach Suez, Aden, Bombay, Colombo, Calcutta, Penang, Singapore und Hongkong; dann existirt ein combinirter Verkehr mit Ueberschiffung in Aden, in Bombay, in Singapore und in Hongkong; und endlich ein Verband-Verkehr mit Ueberschiffung in Alexandrien oder Port Said.

Die Fracht für Mehl würde sich also nach diesem Tarife z. B. im directen Verkehr pro 1000 Kilogramm nach Suez auf 10, nach Aden auf 12 Gulden Gold stellen. Die Asseeuranz-Prämie beträgt 0·55 bez. 0·70 Procent.

Wenn der Lloyd die Linie nach Brasilien definitiv activirt, so soll sich die Fracht für Mehl nach Rio, Bahia, Pernambuco auf 40 Shillings pro 2240 Pfund engl. (19·88 Gulden Gold pro 1000 Kilogramm) stellen, während man heute via Liverpool 60 Shillings bezahlt.

Die Frachten sind beim Lloyd im Voraus d. h. bei der Aufgabe des Gutes zu entrichten.

Für den Import, von fremden Häfen nach Triest oder Fiume, bestehen keine fixen Tarife, sondern es werden die Frachtsätze von Fall zu Fall, nach der jeweiligen Conjunctur in den Hafenplätzen, vereinbart.

Die Dampfer des Lloyd verfrachten von Odessa nach Triest ziemlich viel russisches Getreide und variirt der Frachtsatz Odessa-Triest von 1·00 bis 1·40 Gulden Gold pro 100 Kilogramm. Bei „Seglern" beträgt derselbe 0·60 bis 0·70 Gulden Gold pro 100 Kilogramm. Die Frachtberechnung pro Stajo oder pro Tschetwert kommt auf dieser Linie sehr selten mehr vor.[1])

---

[1]) In Triest wird Mehl direct nach Brasilien bisher meistens mit Segelschiffen verladen und zwar zum Frachtsatze von 30 bis 36 Shillings pro englischer Gewichtstonne.

Nach Grossbritannien wird Mehl gewöhnlich mittelst Dampfer der „Cunard Leyland Line" verladen und beträgt der Frachtsatz 16 bis 20 Shillings pro

c) Frachtsätze bei Seetransporten.

Bezüglich der Frachtsätze (Frachtraten, Rates of Freight) bei Getreidesendungen zur See zwischen europäischen Häfen lässt sich folgende Eintheilung treffen:

1) Englische Tarife.

Solcher unterscheidet man drei. Für jeden ist Weizen standard d. h. die Normalfracht gilt für Weizen. Diese drei Tarife sind:

α) Frachtsatz in Shillings und Pence pro Imperial-Quarter (zu 500 Pfund engl. gerechnet). Roggen zahlt 2%, Gerste und Oelsaat (Raps) 5% und Hafer 22½% mehr. Derselbe findet Anwendung von den Ostseehäfen (Riga, Reval, Liebau, Königsberg, Danzig und Stettin) nach England und nach Antwerpen, Hâvre u. a.; ferner von Galatz, Braila, Varna, Salonichi und den übrigen Handelsplätzen in den „unteren Donauländern" nach England und den Häfen des Continents im atlantischen Ocean.

β) Frachtsatz pro englische Gewichtstonne, (Ton weight = 2240 Pfd. engl.) in Shillings und Pence. Dieser Tarif datirt vom 26. März 1863 und ist bekannt unter dem Namen ***„London Mediterranean and Black Sea freight Tables"***. Mais, Bohnen, Linsen, Wicken, Erbsen und Hirse zahlen gleiche Fracht wie Weizen. Roggen (Rye) zahlt 2½%, Oelsaaten (Linseed and Rapeseed) 7%, Gerste (Barley) 17%, Baumwollsaat (Cotton Seed) 22%, Hafer (Oats) 37% und Talg (Tallow) 39% mehr. Dieser Frachttarif wird jedoch sehr selten angewendet.

γ) Frachtsatz pro Ton Tallow (Tonne Talg) in Shillings und Pence, bekannt unter dem Namen ***„London Baltic printed Rates"***. Dieser

englischer Gewichtstonne. (1 Ton weight = 8 Ballen Mehl à 280 Pfund englisch).

Von Fiume nach Grossbritannien besorgt den Mehl-Export hauptsächlich die „Adria, ungarische Seeschiffahrts-Actiengesellschaft" Diese berechnet die Frachtraten pro Ton weight (2240 engl. Pfd.) in Shillings und Pence von frei ab Bord Fiume bis franco Bord Glasgow, Dublin oder Leith, exclusive Seeassecuranz und Mattengebühr. Nach Malta, Marseille, Barcelona, Bordeaux und Rouen werden die Frachtraten pro 1000 Kilogramm in Francs fixirt Die Rate nach den englischen Häfen beträgt jetzt (März 1882) 18 Shillings, nach Marseille 20, nach Barcelona 25 Francs.

Tarif findet hauptsächlich Anwendung von den südrussischen Häfen Odessa, Nicolajew, Sebastopol und den azow'schen Häfen Taganrog, Berdiansk, Kertsch u. a. nach England und den atlantischen Häfen des Continents. Die Ton Tallow (kurz T. T. bezeichnet) ist ein Maassbegriff und ist = 6·467 Imperial-Quarters = 18·805 Hectoliter.[1]) Mais, Bohnen und Erbsen zahlen gleiche Fracht wie Weizen. Roggen zahlt $7^1/_2\%$, Oelsaat 10%, Gerste 15% und Hafer $22^1/_2\%$ weniger als Weizen.

2) Holländischer Tarif.

Für holländische Schiffe wird der Frachtsatz pro 2400 Kilogr. Weizen in Gulden holländisch fixirt. Roggen zahlt 2%, Gerste und Oelsaat 5% und Hafer $22^1/_2\%$ mehr. Derselbe findet hauptsächlich Anwendung in der Ostsee.

3) Französischer Tarif.

α) Frachtsatz pro Charge (160 Liter) in Francs und 5 Procent Zuschlag für Primage. Dieser Tarif wird von den sub 1) Punkt γ) genannten Handelsplätzen nach den Häfen des mittelländischen Meeres, hauptsächlich aber nach Marseille angewendet. Nach Triest und Venedig verfrachtete man früher von den südrussischen Plätzen pro Stajo (siehe pag. 1) in Gulden österr. bez. in Lire italiane, jetzt gewöhnlich pro 100 Kilogramm in Gulden österr. Gold bez. in Lire Gold.

β) Frachtsatz pro metrischer Tonne (1000 Kilogramm) in Francs.

4) Deutscher Tarif.

Frachtsatz pro 2500 Kilogramm in Mark. Normalfracht für Roggen. Weizen zahlt 2% weniger, Gerste und Oelsaat 3% mehr, Hafer $20^1/_2\%$ mehr. Dieser Tarif findet Anwendung bei den deutschen Schiffen von den Ostseehäfen nach Kiel, Lübeck, Flensburg, den dänischen Inseln und Norwegen. Nach Bremenstadt und Oldenburgstadt wird die Fracht pro 2150 Kilogramm in Mark fixirt.

Von besonderer Wichtigkeit sind die Paritäten dieser verschiedenen Frachtsätze. Wir wollen daher dieselben durch einige Beispiele erläutern.

---

[1]) Man rechnet 15 Tons Tallow = 97 gemessene Imperial-Quarters Weizen.

ad 1) Punkt α). Die Fracht von Galatz nach England sei 6 Shillings. Wie hoch stellt sich die Fracht für 100 Kilogramm Gerste in Francs?[1]

Die Antwort gibt folgende Kette:

Francs x	100 Kilogramm Gerste
0·4536	1 engl. Pfund
500	6 Shillings
20	25·25 Francs
100	105 Francs (Zuschlag für Gerste)

daraus x = 3·51 Francs.

Auf pag. 156 haben wir für diesen englischen Tarif eine Tabelle zusammengestellt, welche aus der Normalfracht die Frachtparitäten für die verschiedenen Qualitäten in Weizen, Roggen, Gerste und Hafer pro Imperial-Quarter Durchschnittsgewicht in Shillings und Pence gibt.

Z. B.: Normalfracht 4 Shillings 9 Pence. Gehen wir mit dem Frachtsatze in die 1. Colonne dieser Tabelle ein, so lesen wir in der zugehörigen Horizontalzeile, dass dann auf den Imperial-Quarter Hafer, zu 320 Pfund engl. gerechnet, ein Frachtsatz von 3 Shillings 8·69 Pence entfällt.

ad 1) Punkt β). Die Fracht von Odessa nach Antwerpen sei 24 Shillings pro Ton weight. Wie calculirt sich die Fracht für 100 Kilogramm Roggen in Francs?

Wir haben hiefür die Kette:

Francs x	100 Kilogramm Roggen
0·4536	1 engl. Pfund
2240	24 Shillings
20	25·25 Francs
100	102·5 Francs (Zuschlag für Roggen)

und daraus x = 3·06 Francs.

ad 1) Punkt γ). Fracht pro T. T. Wenn man aus diesem Frachtsatz eine Frachten-Parität rechnen will, so hat man zu unterscheiden, ob die Parität für irgend ein Hohlmaass-Quantum oder für ein bestimmtes Gewichts-Quantum gerechnet werden soll. Im ersteren Falle kann man die Parität unmittelbar aus dem Frachtsatz pro T. T. rechnen; im letzteren Falle hingegen muss noch das Qualitäts-Gewicht des betreffenden Getreides bekannt sein, wie aus den folgenden Beispielen zu ersehen ist.

Im Jahre 1881 erreichte der Frachtsatz ab Odessa im Maximum die Höhe von 45 Shillings.[2] Welcher Parität entspricht dies pro Hectoliter in Francs und pro 100 Kilogramm in Mark; ferner für Roggen, 9 Pud schwer, pro 100 Kilogramm in Francs?

Diese Paritäten erhalten wir aus folgenden Kettensätzen:

Francs x	100 Liter Weizen
290·78	1 Imp.-Quarter
97	15 T. T.
1	45 Shillings
20	25·25 Francs

daraus x = 3·02 Francs;

[1] Bei Frachtreductionen rechnet man allgemein 1 Livre Sterling = 25·25 Francs = 20·5 Mark = 12 Gulden holländ. als feststehenden Curs.

[2] Deutsches Handelsarchiv, Märzheft 1882, pag. 158.

Mark x	100 Kilogramm Weizen
0·4536	1 engl. Pfund
480	1 Imp.-Quarter[1])
97	15 T. T.
1	45 Shillings
20	20·50 Mark

daraus x = 3·28 Mark;

ancs x	100 Kilogramm Roggen
16·38	1 Pud
9	1 Tschetwert
1	209·9 Liter
290·78	1 Imp.-Quarter
97	15 T. T.
1	45 Shillings
20	25·25 Francs
100	92·5 Francs (Abzug für Roggen)

daraus x = 3·98 Francs.

Mit Rücksicht auf die grosse Wichtigkeit der „London Baltic printed Rates“ haben wir auf pag. 157 eine Tabelle zusammengestellt, welche aus dem Frachtsatz pro Tonne Talg die Paritäten gibt pro Imperial-Quarter in Shillings und Pence für Weizen, Roggen, Oelsaat, Gerste und Hafer, dann für Weizen pro englischer Gewichtstonne in Shillings und Pence, und endlich die Parität pro Charge in Francs und pro 100 Kilogramm in Gulden österr. Gold (20 Francs = 8 Gulden österr. Gold). Die Benützung der Tabelle ergibt sich von selbst.

d) Nordamerikanische Frachtsätze.

Die eminente Wichtigkeit der nordamerikanischen Getreide-Production und die dadurch den europäischen Export-Staaten gewordene Concurrenz bestimmt uns, den nordamerikanischen Frachtsätzen diesmal einen eigenen Abschnitt zu widmen. Wir hoffen, durch diese Daten dem europäischen, speciell aber dem deutschen und österreichisch-ungarischen Getreidehandel wirklich einen Dienst zu erweisen.[2])

Die Eisenbahnen der Vereinigten Staaten fixiren die Frachtsätze für Getreide pro 100 Pfund englisch in Cents, jedoch unter der Voraussetzung, dass dasselbe in Wagenladungen von mindestens 24000 Pfund englisch (= 10886 Kilogramm) verladen wird. Beträgt die Wagenladung nicht voll

[1]) Die Exporteure in Odessa, Nicolaiew u. a. rechnen den Imperial-Quarter Weizen zu 480 engl. Pfunden (74·9 Kilogramm pro Hectoliter).

[2]) Alle hierauf bezüglichen Daten verdanke ich Herrn Dr. Rudolf Mayer, welcher mir in der liebenswürdigsten Weise sein an Ort und Stelle gesammeltes Material zur Verfügung stellte.

24000 Pfund englisch, so wird die Fracht doch für volle 24000 Pfund englisch berechnet. Wird ein Waggon jedoch mit mehr als 28000 Pfund englisch (= 12701 Kilogramm) beladen, so erhöhen sich die Tarifsätze um 10 Cents pro 100 Pfund englisch. Wenn Getreide à la rinfusa in Waggons verladen wird, so darf in einem und demselben Waggon nur einerlei Getreide, d. h. Getreide derselben Classification (siehe pag. 33) befördert werden, wenn die Frachtsätze der Specialtarife Anwendung finden sollen.

Die Frachtsätze für Mehl werden pro Barrel (Fässer, enthaltend 196 Pfund englisch Netto) in Cents fixirt. Die Specialtarife dafür finden jedoch nur Anwendung, wenn 100 Barrels oder darüber mit einem Frachtbriefe aufgegeben werden. Die Frachtsätze für Mehl sind in der Regel doppelt so gross wie für Weizen, d. h. man zahlt gewönlich pro Barrel Mehl ebensoviel Cents wie für 200 Pfund Weizen.

Um einen Vergleich mit den Getreide-Frachtsätzen auf den deutschen und österr.-ungar. Eisenbahnen zu ermöglichen, führen wir hier einige Beispiele an. Wir wählen die Chicago and North-Western Railway. Auf dieser Eisenbahn hatten 1881 die Frachtsätze für Weizen folgende Höhe:

Treeport-Chicago	121 engl. Meilen,	16 Cents
Tama- „	270 „ „	24 „
Florence- „	376 „ „	33 „
St. Paul- „	410 „ „	20 „
Mapleton- „	460 „ „	32 „
Watatown- „	619 „ „	36 „
Pierre- „	781 „ „	50 „

Um diese Frachtsätze pro 100 Kilogramm in Mark (94 Cents = 4 Mark) umzurechnen, braucht man sie nur mit 0·09381 zu multipliciren und erhält, wenn man gleichzeitig die Einheitssätze pro Kilometer und Meter-Centner sucht:

	Mark pro 100 Kilogramm.	Einheitssatz in Pfennigen
Treeport-Chicago....	1·50	0·771
Tama- „	2·25	0·519
Florence- „	3·10	0·512
St. Paul- „	1·88	0·284
Mapleton- „	3·00	0·406
Watatown- „	3 38	0·339
Pierre „	4·69	0·373

Diese Tabelle zeigt, dass mit Ausnahme von S. Paul-Chicago die Einheitssätze desto grösser sind, je kürzer die Entfernung ist. S. Paul ist (siehe pag. 36) ein Hauptpunkt und verfrachtet gewöhnlich nach Duluth, daher der ausnahmsweise niedrige Einheitssatz. Vergleicht man diese Einheitssätze mit den Einheitssätzen auf österreichisch-deutschen Eisenbahnen, so findet man, dass letztere nicht bedeutend höher sind. So ist z. B. der Einheitssatz für Pest-Mannheim (siehe pag. 78 die Frachtsätze) 0·503 Pfennige und jener für Pest-Stettin 0·447 Pfennige.

Aehnlich sind die Frachsätze für Weizen auf der Union-Pacific-Railway. Z. B.:

Fremont-Chicago	547 engl. Meilen,	38 Cents
Columbus- „	592 „ „	40 „
Kearney- „	695 „ „	48 „

oder umgerechnet:

	Mark pro 100 Kilogramm	Einheitssatz
Fremont-Chicago	3·56	0·40[5]
Columbus- „	3·75	0·39[4]
Kearney- „	4·50	0·40[3]

Die Eisenbahnfrachten sind daher in Nordamerika auch nicht viel billiger, als bei uns in Oesterreich-Ungarn und Deutschland. Nur auf einen Unterschied muss aufmerksam gemacht werden. Während man hier für jede Getreideart ohne Unterschied den gleichen Frachtsatz zahlt, so ist in den Vereinigten Staaten der für Weizen höher als der für Mais. So betrugen z. B. die Frachtsätze für Mais in dem letzten angeführten Beispiele um je 5 Cents pro 100 engl. Pfund weniger.

Die Getreide-Frachtsätze für die Land-Seen und Canäle werden entweder pro 100 Pfund englisch oder pro Bushel in Cents abgeschlossen. Dieselben sind mit den betreffenden Eisenbahnfrachtsätzen combinirt, d. h. man hat von den einzelnen Punkten im Innern des Landes directe Sätze nach den atlantischen Häfen (New-York, Boston u. a.) Die Frachtsätze für Mehl sind wieder pro Barrel fixirt. Bei den Landsee- und Canal-Frachten ist der Canal-Zoll in den Frachtsätzen schon inbegriffen. Man hat Frachtsätze für Segelschiffe und für Dampfer (die Propeller-Linien Chicago-Buffalo oder Erie und von dort nach New-York, Boston, Philadelphia und Baltimore).

Die Fluss-Frachtsätze (St. Louis-New-Orleans u. a.) werden ebenfalls für Getreide pro Bushel und für Mehl pro Barrel in Cents fixirt.

Von Chicago, St. Louis, St. Paul u. a. hat man auch directe Frachtsätze nach Europa und zwar nach Liverpool, fixirt pro 100 Pfund engl. in Cents. Die atlantischen Häfen New-York, Boston, Philadelphia und Baltimore verfrachten jedoch Getreide nach Europa und zwar nach den englischen Häfen oder den auf gleicher Höhe liegenden Continental-Häfen pro Bushel oder pro Quarter in Shillings und Pence und rechnen hiebei das Bushel Weizen zu 60, den Quarter Weizen zu 480 Pfund englisch. Die Oceanfracht für Mehl wird ebenfalls wie die Eisenbahn- und Canal-Fracht pro Barrel fixirt.

Zur Vergleichung theilen wir wieder einige Daten mit.

1. Chicago-New-York, Weizen, Juni 1880: Eisenbahnfracht 30 Cents pro 100 Pfund engl. und See- und Canal-Fracht 17 Cents pro Bushel, d. i. nahezu der gleiche Satz, nämlich 18 Cents pro 60 Pfund engl. = 8·44 Mark pro 100 Kilogramm.

2. Chicago-Liverpool, Weizen, Juni 1880: $45^3/_4$ Cents pro 100 Pfund engl. = 4·29 Mark pro 100 Kilogramm.

3. St. Louis-New-Orleans, Weizen, Juni 1880: $7^1/_2$ Cents pro Bushel; Juni 1882: 4 Cents pro Bushel (Fluss-Fracht am Mississippi).

4. St. Paul-Liverpool, Herbst 1881 (per Bahn nach Duluth und dann zu Wasser): Weizen pro Bushel 25 Cents = 3·92 Mark pro 100 Kilogramm; Mehl pro Barrel 125 Cents.

5. New-York-Liverpool, 15. Juni 1882, Getreidefracht $3^1/_2$ Pence pro Bushel = 1·10 Mark pro 100 Kilogramm.[1])

Zur Vergleichung der verschiedenen Eisenbahn- und Schiffsfrachtsätze haben wir auf pag. 158 eine Normal-Fracht-Tabelle zusammengestellt, welche aus dem amerikanischen Frachtsatze pro Bushel in Cents die Paritäten für alle anderen üblichen Normal-Frachtsätze gibt. Diese Tabelle ermöglicht dem Getreide-Exporteur die nach verschiedenen Usancen vorkommenden Frachtsätze miteinander zu vergleichen, ohne erst weitere Rechnungen durchführen zu müssen.

[1]) Die Ocean-Fracht von New-York nach Liverpool schwankte in den letzten Monaten bedeutend und ging bis $^1/_2$ Penny herab, und auch dieses war oft nur nominell, denn es soll thatsächlich vorgekommen sein, dass Getreide gratis nach Europa verfrachtet wurde. Diese Erscheinung erklärt sich dadurch, dass die grossen Ocean-Dampfer, welche die Auswanderer von Europa nach Amerika bringen, möglicht rasch wieder nach Europa zurückkehren wollen und daher um jeden Preis den nothwendigen Ballast sich verschaffen müssen. Nun kann durch die grossartigen Einrichtungen der Elevatoren ein solcher Dampfer mit 5 bis 6000 Tonnen in 8—10 Stunden beladen werden, wozu man früher fast 7 Tage brauchte. Der Dampfer kann daher nach möglichst kurzem Aufenthalte sofort wieder abgehen. Der neue grosse Elevator, der am 1. Mai 1882 in Chicago eröffnet wurde, füllt in einem Tage 500 Waggons mit Getreide. Da nun das Getreide durch den Elevator gleichzeitig gewogen und namentlich vollständig gereinigt wird, und da alle diese Manipulationen nicht nur in der kürzesten Zeit, sondern auch beispiellos billig gemacht werden, so ist es begreiflich, dass dann die Frachtsätze ebenfalls billig gestellt werden können.

VII.

TABELLEN

ZUR

VERGLEICHUNG

DER

GETREIDE-QUANTITÄTEN

UND

GETREIDE-QUALITÄTEN

Vergleichungs-Tabelle
für
Tschetwert und **Hectoliter.**

Tschet-wert	Hecto-liter	Tschet-wert	Hecto-liter	Tschetwert	Hectoliter
1	2,10	51	107,05	11000	23089
2	4,20	52	109,15	12000	25188
3	6,30	53	111,25	13000	27287
4	8,40	54	113,35	14000	29386
5	10,50	**55**	115,45	**15000**	31485
6	12,59	56	117,55	16000	33584
7	14,69	57	119,64	17000	35683
8	16,79	58	121,74	18000	37782
9	18,89	59	123,84	19000	39881
10	20,99	**60**	125,94	**20000**	41980
11	23,09	61	128,04	21000	44079
12	25,19	62	130,14	22000	46178
13	27,29	63	132,24	23000	48277
14	29,39	64	134,34	24000	50376
15	31,49	**65**	136,44	**25000**	52476
16	33,58	66	138,54	30000	62971
17	35,68	67	140,63	35000	73466
18	37,78	68	142,73	40000	83961
19	39,88	69	144,83	45000	94456
20	41,98	**70**	146,93	**50000**	104951
21	44,08	71	149,03	55000	115446
22	46,18	72	151,13	60000	125941
23	48,28	73	153,23	65000	136436
24	50,38	74	155,33	70000	146931
25	52,48	**75**	157,43	**75000**	157427
26	54,57	76	159,53	80000	167922
27	56,67	77	161,62	85000	178417
28	58,77	78	163,72	90000	188912
29	60,87	79	165,82	95000	199404
30	62,97	**80**	167,92	**100000**	209902
31	65,07	81	170,02	1 Million	2,099020
32	67,17	82	172,12	2 Millionen	4,198040
33	69,27	83	174,22	3 „	6,297060
34	71,37	84	176,32	4 „	8,396080
35	73,47	**85**	178,42	**5** „	10,495100
36	75,56	86	180,52	6 Millionen	12,594120
37	77,66	87	182,61	7 „	14,693140
38	79,76	88	184,71	8 „	16,792160
39	81,86	89	186,81	9 „	18,891180
40	83,96	**90**	188,91	**10** „	20,990200
41	86,06	91	191,01	11 Millionen	23,089220
42	88,16	92	193,11	12 „	25,188240
43	90,26	93	195,21	13 „	27,287260
44	92,36	94	197,31	14 „	29,386280
45	94,46	**95**	199,41	**15** „	31,485300
46	96,55	96	201,51	16 Millionen	33,584320
47	98,65	97	203,60	17 „	35,683340
48	100,75	98	205,70	18 „	37,782360
49	102,85	99	207,80	19 „	39,881380
50	104,95	**100**	209,90	**20** „	41,980400

Vergleichungs-Tabelle
für
Amerikanische Bushels und **Hectoliter.**

Amer. Bushels	Hecto-liter	Amer. Bushels	Hecto-liter	Amer. Bushels	Hectoliter
1	0,35	51	17,97	11000	3876
2	0,70	52	18,32	12000	4229
3	1,06	53	18,68	13000	4581
4	1,41	54	19,03	14000	4933
5	1,76	**55**	19,38	**15000**	5286
6	2,11	56	19,73	16000	5638
7	2,47	57	20,09	17000	5990
8	2,82	58	20,44	18000	6343
9	3,17	59	20,79	19000	6695
10	3,52	**60**	21,14	**20000**	7048
11	3,88	61	21,50	21000	7400
12	4,23	62	21,85	22000	7752
13	4,58	63	22,20	23000	8105
14	4,93	64	22,55	24000	8457
15	5,29	**65**	22,90	**25000**	8810
16	5,64	66	23,26	30000	10571
17	5,99	67	23,61	35000	12333
18	6,34	68	23,96	40000	14095
19	6,70	69	24,31	45000	15857
20	7,05	**70**	24,67	**50000**	17619
21	7,40	71	25,02	55000	19381
22	7,75	72	25,37	60000	21143
23	8,10	73	25,72	65000	22905
24	8,46	74	26,08	70000	24667
25	8,81	**75**	26,43	**75000**	26429
26	9,16	76	26,78	80000	28190
27	9,51	77	27,13	85000	29952
28	9,87	78	27,49	90000	31714
29	10,22	79	27,84	95000	33476
30	10,57	**80**	28,19	**100000**	35238
31	10,92	81	28,54	1 Million	352381
32	11,28	82	28,90	2 Millionen	704762
33	11,63	83	29,25	3 „	1,057144
34	11,98	84	29,60	4 „	1,409525
35	12,33	**85**	29,95	**5** „	1,761906
36	12,69	86	30,30	6 Millionen	2,114287
37	13,04	87	30,66	7 „	2,466668
38	13,39	88	31,01	8 „	2,819050
39	13,74	89	31,36	9 „	3,171431
40	14,10	**90**	31,71	**10** „	3,523812
41	14,45	91	32,07	11 Millionen	3,876193
42	14,80	92	32,42	12 „	4,228574
43	15,15	93	32,77	13 „	4,580956
44	15,50	94	33,12	14 „	4,933337
45	15,86	**95**	33,48	**15** „	5,285718
46	16,21	96	33,83	16 Millionen	5,638099
47	16,56	97	34,18	17 „	5,990480
48	16,91	98	34,53	18 „	6,342862
49	17,27	99	34,89	19 „	6,695243
50	17,62	**100**	35,24	**20** „	7,047624

Vergleichungs-Tabelle
für
Imperial-Quarters und **Hectoliter.**

Imper.-Quart.	Hecto-liter	Imper.-Quart.	Hecto-liter	Imperial-Quarters	Hectoliter
1	2,91	51	148,30	11000	31986
2	5,82	52	151,21	12000	34894
3	8,72	53	154,11	13000	37802
4	11,63	54	157,02	14000	40709
5	14,54	**55**	159,93	**15000**	43617
6	17,45	56	162,84	16000	46525
7	20,35	57	165,75	17000	49433
8	23,26	58	168,65	18000	52341
9	26,17	59	171,56	19000	55248
10	29,08	**60**	174,47	**20000**	58156
11	31,99	61	177,38	21000	61064
12	34,89	62	180,28	22000	63972
13	37,80	63	183,19	23000	66880
14	40,71	64	186,10	24000	69787
15	43,62	**65**	189,01	**25000**	72695
16	46,53	66	191,92	30000	87234
17	49,43	67	194,82	35000	101773
18	52,34	68	197,73	40000	116312
19	55,25	69	200,64	45000	130851
20	58,16	**70**	203,55	**50000**	145391
21	61,06	71	206,45	55000	159930
22	63,97	72	209,36	60000	174469
23	66,88	73	212,27	65000	189008
24	69,79	74	215,18	70000	203547
25	72,70	**75**	218,09	**75000**	218086
26	75,60	76	220,99	80000	232625
27	78,51	77	223,90	85000	247164
28	81,42	78	226,81	90000	261703
29	84,53	79	229,72	95000	276242
30	87,23	**80**	232,63	**100000**	290781
31	90,14	81	235,53	1 Million	2,907810
32	93,05	82	238,45	2 Millionen	5,815620
33	95,96	83	241,35	3 „	8,723430
34	98,87	84	244,26	4 „	11,631240
35	101,77	**85**	247,16	**5** „	14,539050
36	104,68	86	250,07	6 Millionen	17,446860
37	107,58	87	252,98	7 „	20,354670
38	110,49	88	255,89	8 „	23,262480
39	113,40	89	258,80	9 „	26,170290
40	116,31	**90**	261,70	**10** „	29,078100
41	119 22	91	264,61	11 Millionen	31,985910
42	122,13	92	267,52	12 „	34,893720
43	125,04	93	270,43	13 „	37,801530
44	127,94	94	273,33	14 „	40,709340
45	130,85	**95**	276,24	**15** „	43,617150
46	133,76	96	279,15	16 Millionen	46,524960
47	136,67	97	282,06	17 „	49,432770
48	139,58	98	284,97	18 „	52,340580
49	142,48	99	287,87	19 „	55,248390
50	145,39	**100**	290,78	**20** „	58,156200

Vergleichungs-Tabelle
für
Englische Centner und **Metrische Centner.**

Engl. Ctr.	Metrisch. Ctr.	Engl. Ctr.	Metrisch. Ctr.	Englische Centner	Metrische Centner
1	0,51	51	25,91	11000	5588
2	1,02	52	26,42	12000	6096
3	1,52	53	26,93	13000	6604
4	2,03	54	27,43	14000	7112
5	2,54	**55**	27,94	**15000**	7620
6	3,05	56	28,45	16000	8128
7	3,56	57	28,96	17000	8636
8	4,06	58	29,47	18000	9144
9	4,57	59	29,97	19000	9652
10	5,08	**60**	30,48	**20000**	10160
11	5,59	61	30,99	21000	10668
12	6,10	62	31,50	22000	11177
13	6,60	63	32 01	23000	11685
14	7,11	64	32,51	24000	12193
15	7,62	**65**	33,02	**25000**	12701
16	8,13	66	33,53	30000	15241
17	8,64	67	34,04	35000	17781
18	9,14	68	34,55	40000	20331
19	9,65	69	35,05	45000	22861
20	10,16	**70**	35,56	**50000**	25401
21	10,67	71	36,07	55000	27941
22	11,18	72	36,58	60000	30481
23	11,68	73	37,09	65000	33022
24	12,19	74	37,59	70000	35562
25	12,70	**75**	38,10	**75000**	38102
26	13,21	76	38,61	80000	40642
27	13,72	77	39,12	85000	43182
28	14,22	78	39,63	90000	45722
29	14,73	79	40,13	95000	48262
30	15,24	**80**	40,64	**100000**	50802
31	15,75	81	41,15	1 Million	508023
32	16,26	82	41,66	2 Millionen	1,016047
33	16,76	83	42,17	3 „	1,524070
34	17,27	84	42,67	4 „	2,032093
35	17,78	**85**	43,18	**5** „	2,540116
36	18,29	86	43,69	6 Millionen	3,048140
37	18,80	87	44,20	7 „	3,556163
38	19,30	88	44,71	8 „	4,064186
39	19,81	89	45,21	9 „	4,572209
40	20,32	**90**	45,72	**10** „	5,080233
41	20 83	91	46,23	11 Millionen	5,588256
42	21,34	92	46,74	12 „	6,096279
43	21,85	93	47,25	13 „	6,604302
44	22,35	94	47,75	14 „	7,112326
45	22,86	**95**	48,26	**15** „	7,620349
46	23,37	96	48,77	16 Millionen	8,128372
47	23,88	97	49,28	17 „	8,636395
48	24,39	98	49,79	18 „	9,144419
49	24,89	99	50,29	19 „	9,652442
50	25,40	**100**	50,80	**20** „	10,160465

Paritäts-Tabelle
für
Getreide-Qualitäten.

Kilogr. pro Hectoliter	Wr Pfunde pro Metzen	Holländ. Troypfunde pro Zak	Engl. Pfd. pro Quarter	Russ. Pfd. pro Tschetwert	Engl. Pfd pro alt. Bushel	Gramm pro Liter für Weizen	Gramm pro Liter f. Roggen u. Gerste
82	90,0	139,0	526	420	63,7	791	—
81,5	89,4	138,2	522	418	63,3	787	—
81	88,9	137,3	519	415	62,9	782	—
80,5	88,3	136,5	516	413	62,5	777	—
80	87,8	135,6	513	410	62,1	772	—
79,5	87,3	134,8	509	408	61,8	767	—
79	86,7	133,9	506	405	61,4	763	—
78,5	86,2	133,1	503	402	61,0	758	—
78	85,6	132,2	500	400	60,6	753	—
77,5	85,1	131,4	497	397	60,2	748	—
77	84,6	130,5	493	395	59,8	743	—
76,5	84,0	129,7	490	392	59,4	738	—
76	83,5	128,8	487	390	59,0	734	—
75,5	82,9	128	484	387	58,7	729	—
75	82,4	127,2	481	384	58,3	724	716
74,5	81,8	126,3	478	382	57,9	719	711
74	81,3	125,5	475	379	57,5	714	706
73,5	80,7	124,6	471	377	57,1	709	701
73	80,2	123,8	468	374	56,7	705	697
72,5	79,6	122,9	465	372	56,3	700	692
72	79,1	122,1	462	369	55,9	695	687
71,5	78,5	121,2	458	367	55,5	690	682
71	78,0	120,4	455	364	55,2	685	678
70,5	77,4	119,5	452	362	54,8	680	673
70	76,9	118,7	449	359	54,4	676	668
69,5	76,3	117,8	446	356	54,0	671	663
69	75,8	117	442	354	53,6	666	658
68,5	75,2	116,1	439	352	53,2	661	654
68	74,7	115,3	436	349	52,8	656	649
67,5	74,1	114,4	433	346	52,4	652	644
67	73,6	113,6	430	343	52,0	—	639
66,5	73,0	112,7	426	341	51,7	—	635
66	72,5	111,9	423	338	51,3	—	630
65,5	71,9	111	420	336	50,9	—	625
65	71,4	110,2	417	333	50,5	—	620
64,5	70,8	109,4	414	331	50,1	—	615
64	70,3	108,5	410	328	49,7	—	611
63,5	69,7	107,7	407	326	49,3	—	606
63	69,2	106,8	404	323	48,9	—	601
62,5	68,6	106	401	320	48,6	—	596
62	68,1	105,1	397	318	48,2	—	592
61,5	67,5	104,3	394	315	47,8	—	587
61	67,0	103,4	391	313	47,4	—	582
60,5	66,4	102,6	388	310	47,0	—	577
60	65,9	101,7	385	308	46,6	—	573

Paritäts-Tabelle
für
Getreide-Qualitäten.

Kilogr. pro Hectoliter	Wr. Pfunde pro Metzen	Holländ. Troypfunde pro Zak	Engl. Pfd. pro Quarter	Russ. Pfd. pro Tschetwert	Engl. Pfd pro alt Bushel	Gramm pro Liter für Gerste	Gramm pro Liter für Hafer
59,5	65,3	100,8	381	305	46,2	568	—
59	64,8	100,0	378	302	45,8	563	—
58,5	64,2	99,2	375	300	45,4	558	—
58	63,7	98,3	372	297	45,1	553	—
57,5	63,1	97,5	369	295	44,7	549	—
57	62,6	96,6	365	292	44,3	544	—
56,5	62,0	95,8	362	290	43,9	539	—
56	61,5	94,9	359	287	43,5	534	—
55,5	60,9	94,1	356	284	43,1	530	—
55	60,4	93,2	353	282	42,7	525	512
54,5	59,8	92,4	349	279	42,3	—	507
54	59,3	91,6	346	277	41,9	—	503
53,5	58,7	90,7	343	274	41,6	—	498
53	58,2	89,9	340	272	41,2	—	493
52,5	57,6	89,0	337	269	40,8	—	489
52	57,1	88,2	333	267	40,4	—	484
51,5	56,5	87,3	330	264	40,0	—	479
51	56,0	86,5	327	261	39,6	—	475
50,5	55,4	85,6	324	259	39,2	—	470
50	54,9	84,8	321	256	38,8	—	465
49,5	54,3	83,9	317	254	38,5	—	461
49	53,8	83,1	314	251	38,1	—	456
48,5	53,2	82,2	311	249	37,7	—	452
48	52,7	81,4	308	246	37,3	—	447
47,5	52,1	80,5	304	243	36,9	—	442
47	51,6	79,7	301	241	36,5	—	438
46,5	51,0	78,8	298	238	36,1	—	433
46	50,5	78,0	295	236	35,7	—	428
45,5	49,9	77,1	292	233	35,3	—	424
45	49,4	76,3	288	231	35,0	—	419
44,5	48,8	75,4	285	228	34,6	—	414
44	48,3	74,6	282	226	34,2	—	410
43,5	47,7	73,7	279	223	33,8	—	405
43	47,2	72,9	276	220	33,4	—	400
42,5	46,6	72,1	272	218	33,0	—	396
42	46,1	71,2	269	215	32,6	—	391
41,5	45,5	70,4	266	213	32,2	—	386
41	45,0	69,5	263	210	31,9	—	382
40,5	44,4	68,7	260	208	31,5	—	377
40	43,9	67,8	256	205	31,1	—	372
39,5	43,3	67,0	253	202	30,7	—	368
39	42,8	66,1	250	200	30,3	—	363
38,5	42,2	65,3	247	197	29,9	—	358
38	41,7	64,4	244	195	29,5	—	354
37,5	41,1	63,6	240	192	29,1	—	349
37	40,6	62,7	237	190	28,7	—	344

Paritäts-Tabelle
für
Getreide-Qualitäten.
(Neue und alte Berliner Probe.)

Weizen		Roggen und Gerste				Hafer			
Gramm pro Liter	Kilogr. pro Neu-scheffel	Gramm pro Liter	Kilogr pro Neu-scheffel	Gramm pro Liter	Kilogr. pro Neu-scheffel	Gramm pro Liter	Kilogr. pro Neu-scheffel	Gramm pro Liter	Kilogr. pro Neu-scheffel
702	36,4	565	29,6	613	32,1	374	20,1	422	22,7
703	36,4	566	29,7	614	32,2	375	20,1	423	22,7
704	36,5	567	29,7	615	32,2	376	20,2	424	22,8
705	36,5	568	29,8	616	32,3	377	20,2	425	22,8
706	36,6	569	29,8	617	32,3	378	20,3	426	22,9
707	36,6	570	29,9	618	32,4	379	20,4	427	22,9
708	36,7	571	29,9	619	32,4	380	20,4	428	23,0
709	36,7	572	30,0	620	32,5	381	20,5	429	23,0
710	36,8	573	30,0	621	32,5	382	20,5	430	23,1
711	36,8	574	30,1	622	32,6	383	20,6	431	23,1
712	36,9	575	30,1	623	32,6	384	20,6	432	23,2
713	36,9	576	30,2	624	32,7	385	20,7	433	23,3
714	37,0	577	30,2	625	32,8	386	20,7	434	23,3
715	37,0	578	30,3	626	32,8	387	20,8	435	23,4
716	37,1	579	30,3	627	32,9	388	20,8	436	23,4
717	37,1	580	30,4	628	32,9	389	20,9	437	23,5
718	37,2	581	30,4	629	33,0	390	20,9	438	23,5
719	37,2	582	30,5	630	33,0	391	21,0	439	23,6
720	37,3	583	30,5	631	33,1	392	21,1	440	23,6
721	37,3	584	30,6	632	33,1	393	21,1	441	23,7
722	37,4	585	30,7	633	33,2	394	21,2	442	23,7
723	37,5	586	30,7	634	33,2	395	21,2	443	23,8
724	37,5	587	30,8	635	33,3	396	21,3	444	23,8
725	37,6	588	30,8	636	33,3	397	21,3	445	23,9
726	37,6	589	30,9	637	33,4	398	21,4	446	24,0
727	37,7	590	30,9	638	33,4	399	21,4	447	24,0
728	37,7	591	31,0	639	33,5	400	21,5	448	24,1
729	37,8	592	31,0	640	33,5	401	21,5	449	24,1
730	37,8	593	31,1	Hafer		402	21,6	450	24,2
731	37,9	594	31,1			403	21,6	451	24,2
732	37,9	595	31,2	356	19,1	404	21,7	452	24,3
733	38,0	596	31,2	357	19,2	405	21,7	453	24,3
734	38,0	597	31,3	358	19,2	406	21,8	454	24,4
735	38,1	598	31,3	359	19,3	407	21,9	455	24,4
736	38,1	599	31,4	360	19,3	408	21,9	456	24,5
737	38,2	600	31,4	361	19,4	409	22,0	457	24,5
738	38,2	601	31,5	362	19,4	410	22,0	458	24,6
739	38,3	602	31,5	363	19,5	411	22,1	459	24,6
740	38,3	603	31,6	364	19,6	412	22,1	460	24,7
741	38,4	604	31,6	365	19,6	413	22,2	461	24,8
742	38,4	605	31,7	366	19,7	414	22,2	462	24,8
743	38,5	606	31,8	367	19,7	415	22,3	463	24,9
744	38,5	607	31,8	368	19,8	416	22,3	464	24,9
745	38,6	608	31,9	369	19,8	417	22,4	465	25,0
746	38,6	609	31,9	370	19,9	418	22,4	466	25,0
747	38,7	610	32,0	371	19,9	419	22,5	467	25,1
748	38,7	611	32,0	372	20,0	420	22,6	468	25,1
749	38,8	612	32,1	373	20,0	421	22,6	469	25,2

VIII.

PARITÄTS-TABELLEN

ZUR

VERGLEICHUNG

DER

GETREIDE- UND MEHL-NOTIRUNGEN

IN

NORDAMERIKA, ENGLAND, RUSSLAND, ÖSTERREICH-UNRARN, RUMÄNIEN, SERBIEN, FRANKREICH, & HOLLAND

MIT DER

NOTIRUNG

IN

DEUTSCHLAND.

Mais

notirt pro 56 Pfund engl. in Cents amerik., umgerechnet pro 1000 Kilogramm in Mark.

Cents.	Berlin notirt in New-York à vista.							
	93½	94	94½	95	95½	96	96½	97
50	84,2	83,8	83,3	82,9	82,4	82,0	81,6	81,2
51	85,9	85,4	85,0	84,5	84,1	83,7	83,2	82,8
52	87,6	87,1	86,7	86,2	85,7	85,3	84,8	84,4
53	89,3	88,8	88,3	87,9	87,4	86,9	86,5	86,0
54	91,0	90,5	90,0	89,5	89,0	88,6	88,1	87,7
55	92,6	92,1	91,7	91,2	90,7	90,2	89,8	89,3
56	94,3	93,8	93,3	92,8	92,3	91,8	91,4	90,9
57	96,0	95,5	95,0	94,5	94,0	93,4	93,0	92,5
58	97,7	97,2	96,7	96,1	95,6	95,0	94,7	94,2
59	99,4	98,8	98,3	97,8	97,3	96,7	96,3	95,8
60	101,1	100,5	100,0	99,4	98,9	98,4	97,9	97,4
61	102,7	102,2	101,7	101,1	100,6	100,1	99,5	99,0
62	104,4	103,9	103,3	102,8	102,2	101,7	101,2	100,7
63	106,1	105,5	105,0	104,4	103,8	103,3	102,8	102,3
64	107,8	107,2	106,7	106,1	105,5	105,0	104,4	103,9
65	109,5	108,6	108,3	107,7	107,2	106,6	106,1	105,5
66	111,2	110,6	110,0	109,4	108,8	108,3	107,7	107,1
67	112,8	112,2	111,7	111,1	110,5	109,9	109,3	108,8
68	114,5	113,9	113,3	112,7	112,1	111,5	111,0	110,4
69	116,2	115,6	115,0	114,4	113,8	113,2	112,6	112,0
70	117,9	117,3	116,6	116,0	115,4	114,8	114,2	113,6
71	119,6	118,9	118,3	117,7	117,1	116,5	115,9	115,3
72	121,3	120,6	120,0	119,3	118,7	118,1	117,5	116,9
73	122,9	122,3	121,6	121,0	120,4	119,7	119,1	118,5
74	124,6	124,0	123,3	122,7	122,0	121,4	120,8	120,1
75	126,3	125,6	125,0	124,3	123,7	123,0	122,4	121,8
76	128,0	127,3	126,6	126,0	125,3	124,7	124,0	123,4
77	129,7	129,0	128,3	127,6	127,0	126,3	125,7	125,0
78	131,4	130,7	130,0	129,3	128,6	127,9	127,3	126,6
79	133,1	132,3	131,6	130,9	130,3	129,6	128,9	128,3
80	134,7	134,0	133,3	132,6	131,9	131,2	130,6	129,9
81	136,4	135,7	135,0	134,3	133,6	132,9	132,2	131,5
82	138,1	137,4	136,6	135,9	135,2	134,5	133,8	133,1
83	139,8	139,0	138,3	137,6	136,9	136,1	135,4	134,7
84	141,5	140,7	140,0	139,2	138,5	137,8	137,1	136,4
85	143,2	142,4	141,6	140,9	140,2	139,4	138,7	138,0
86	144,8	144,1	143,3	142,5	141,8	141,1	140,3	139,6
87	146,5	145,7	145,0	144,2	143,5	142,7	142,0	141,2
88	148,2	147,4	146,6	145,9	145,1	144,3	143,6	142,9
89	149,9	149,1	148,3	147,5	146,8	146,0	145,2	144,5
90	151,6	150,8	150,0	149,2	148,4	147,6	146,9	146,1
91	153,3	152,4	151,6	150,8	150,1	149,3	148,5	147,7
92	154,9	154,1	153,3	152,5	151,7	150,9	150,1	149,4
93	156,6	155,8	155,0	154,2	153,3	152,5	151,8	151,0
94	158,3	157,5	156,6	155,8	155,0	154,2	153,4	152,6
95	160,0	159,2	158,3	157,5	156,7	155,8	155,0	154,2
96	161,7	160,8	160,0	159,1	158,3	157,5	156,7	155,9
97	163,4	162,5	161,6	160,8	160,0	159,1	158,3	157,5
98	165,1	164,2	163,3	162,4	161,6	160,7	159,9	159,1
99	166,7	165,8	165,0	164,1	163,2	162,4	161,6	160,7
100	168,4	167,5	166,6	165,8	164,9	164,0	163,2	162,3

Weizen

notirt pro 60 Pfund engl. in Dollars,
umgerechnet pro 480 Pfund engl. in Shillings und Pence.

Dollars	London notirt in New-York à vista							
	4·80	4·82	4·84	4·86	4·88	4·90	4·92	4·94
0·71	23„ 8	23„ 6	23„ 6	23„ 4	23„ 3	23„ 2	23„ 1	23„—
72	24„—	23„10	23„10	23„ 8	23„ 7	23„ 6	23„ 5	23„ 4
73	24„ 4	24„ 2	24„ 2	24„—	23„11	23„10	23„ 9	23„ 8
74	24„ 8	24„ 6	24„ 6	24„ 4	24„ 3	24„ 2	24„ 1	24„—
75	25„—	24„10	24„ 9	24„ 8	24„ 7	24„ 6	24„ 5	24„ 3
76	25„ 4	25„ 2	25„ 1	25„—	24„11	24„10	24„ 9	24„ 7
77	25„ 8	25„ 6	25„ 5	25„ 4	25„ 3	25„ 2	25„—	24„11
78	26„—	25„10	25„ 9	25„ 8	25„ 7	25„ 6	25„ 4	25„ 3
79	26„ 4	26„ 2	26„ 1	26„—	25„11	25„10	25„ 8	25„ 7
80	26„ 8	26„ 6	26„ 5	26„ 4	26„ 3	26„ 1	26„—	25„11
81	27„—	26„10	26„ 9	26„ 8	26„ 7	26„ 5	26„ 4	26„ 3
82	27„ 4	27„ 2	27„ 1	27„—	26„11	26„ 9	26„ 8	26„ 7
83	27„ 8	27„ 6	27„ 5	27„ 4	27„ 3	27„ 1	27„—	26„11
84	28„—	27„10	27„ 9	27„ 8	27„ 6	27„ 5	27„ 4	27„ 2
85	28„ 4	28„ 2	28„ 1	28„—	27„10	27„ 9	27„ 8	27„ 6
86	28„ 8	28„ 6	28„ 5	28„ 4	28„ 2	28„ 1	28„—	27„10
87	29„—	28„10	28„ 9	28„ 8	28„ 6	28„ 5	28„ 4	28„ 2
88	29„ 4	29„ 2	29„ 1	29„—	28„10	28„ 9	28„ 7	28„ 6
89	29„ 8	29„ 6	29„ 5	29„ 4	29„ 2	29„ 1	28„11	28„10
90	30„—	29„10	29„ 9	29„ 7	29„ 6	29„ 5	29„ 3	29„ 2
91	30„ 4	30„ 2	30„ 1	29„11	29„10	29„ 9	29„ 7	29„ 6
92	30„ 8	30„ 6	30„ 5	30„ 3	30„ 2	30„—	29„11	29„10
93	31„—	30„10	30„ 9	30„ 7	30„ 6	30„ 4	30„ 3	30„ 1
94	31„ 4	31„ 2	31„ 1	30„11	30„10	30„ 8	30„ 7	30„ 5
95	31„ 8	31„ 6	31„ 5	31„ 3	31„ 2	31„—	30„11	30„ 9
96	32„—	31„10	31„ 9	31„ 7	31„ 6	31„ 4	31„ 3	31„ 1
97	32„ 4	32„ 2	32„ 1	31„11	31„10	31„ 8	31„ 7	31„ 5
98	32„ 8	32„ 6	32„ 5	32„ 3	32„ 2	32„—	31„10	31„ 9
99	33„—	32„10	32„ 9	32„ 7	32„ 6	32„ 4	32„ 2	32„ 1
1·00	33„ 4	33„ 2	33„ 1	32„11	32„ 9	32„ 8	32„ 6	32„ 5
01	33„ 8	33„ 6	33„ 5	33„ 3	33„ 1	33„—	32„10	32„ 9
02	34„—	33„10	33„ 9	33„ 7	33„ 5	33„ 4	33„ 2	33„—
03	34„ 4	34„ 2	34„ 1	33„11	33„ 9	33„ 8	33„ 6	33„ 4
04	34„ 8	34„ 6	34„ 5	34„ 3	34„ 1	34„—	33„10	33„ 8
05	35„—	34„10	34„ 9	34„ 7	34„ 5	34„ 3	34„ 2	34„—
06	35„ 4	35„ 2	35„—	34„11	34„ 9	34„ 7	34„ 6	34„ 4
07	35„ 8	35„ 6	35„ 4	35„ 3	35„ 1	34„11	34„10	34„ 8
08	36„—	35„10	35„ 8	35„ 7	35„ 5	35„ 3	35„ 1	35„—
09	36„ 4	36„ 2	36„—	35„11	35„ 9	35„ 7	35„ 5	35„ 4
10	36„ 8	36„ 6	36„ 4	36„ 3	36„ 1	35„11	35„ 9	35„ 8
11	37„—	36„10	36„ 8	36„ 7	36„ 5	36„ 3	36„ 1	35„11
12	37„ 4	37„ 2	37„—	36„10	36„ 9	36„ 7	36„ 5	36„ 3
13	37„ 8	37„ 6	37„ 4	37„ 2	37„ 1	36„11	36„ 9	36„ 7
14	38„—	37„10	37„ 8	37„ 6	37„ 4	37„ 3	37„ 1	36„11
15	38„ 4	38„ 2	38„—	37„10	37„ 8	37„ 7	37„ 5	37„ 3
16	38„ 8	38„ 6	38„ 4	38„ 2	38„—	37„11	37„ 9	37„ 7
17	39„—	38„10	38„ 8	38„ 6	38„ 4	38„ 2	38„ 1	37„11
18	39„ 4	39„ 2	39„—	38„10	38„ 8	38„ 6	38„ 4	38„ 3
19	39„ 8	39„ 6	39„ 4	39„ 2	39„—	38„10	38„ 8	38„ 7
20	40„—	39„10	39„ 8	39„ 6	39„ 4	39„ 2	39„—	38„10

Weizen

notirt pro 60 Pfund engl. in Dollars,
umgerechnet pro 480 Pfund engl in Shillings und Pence.

Dollars	London notirt in New-York à vista							
	4·80	**4·82**	**4·84**	**4·86**	**4·88**	**4·90**	**4·92**	**4·94**
1 21	40„ 4	40„ 2	40„—	39„10	39„ 8	39„ 6	39„ 4	39„ 2
22	40„ 8	40„ 6	40„ 4	40„ 2	40„—	39„10	39„ 8	39„ 6
23	41„—	40„10	40„ 8	40„ 6	40„ 4	40„ 2	40„—	39„10
24	41„ 4	41„ 2	41„—	40„10	40„ 8	40„ 6	40„ 4	40„ 2
25	41„ 8	41„ 6	41„ 4	41„ 2	41„—	40„10	40„ 8	40„ 6
26	42„—	41„10	41„ 8	41„ 6	41„ 4	41„ 2	41„—	40„10
27	42„ 4	42„ 2	42„—	41„10	41„ 8	41„ 6	41„ 4	41„ 2
28	42„ 8	42„ 6	42„ 4	42„ 2	42„—	41„10	41„ 8	41„ 5
29	43„—	42„10	42„ 8	42„ 6	42„ 4	42„ 1	41„11	41„ 9
30	43„ 4	43„ 2	43„—	42„10	42„ 8	42„ 5	42„ 3	42„ 1
31	43„ 8	43„ 6	43„ 4	43„ 2	42„11	42„ 9	42„ 7	42„ 5
32	44„—	43„10	43„ 8	43„ 6	43„ 3	43„ 1	42„11	42„ 9
33	44„ 4	44„ 2	44„—	43„ 9	43„ 7	43„ 5	43„ 3	43„ 1
34	44„ 8	44„ 6	44„ 4	44„ 1	43„11	43„ 9	43„ 7	43„ 5
35	45„—	44„10	44„ 8	44„ 5	44„ 3	44„ 1	43„11	43„ 9
36	45„ 4	45„ 2	44„11	44„ 9	44„ 7	44„ 5	44„ 3	44„ 1
37	45„ 8	45„ 6	45„ 3	45„ 1	44„11	44„ 9	44„ 7	44„ 4
38	46„—	45„10	45„ 7	45„ 5	45„ 3	45„ 1	44„11	44„ 8
39	46„ 4	46„ 2	45„11	45„ 9	45„ 7	45„ 5	45„ 2	45„—
40	46„ 8	46„ 6	46„ 3	46„ 1	45„11	45„ 9	45„ 6	45„ 4
41	47„—	46„10	46„ 7	46„ 5	46„ 3	46„—	45„10	45„ 8
42	47„ 4	47„ 2	46„11	46„ 9	46„ 7	46„ 4	46„ 2	46„—
43	47„ 8	47„ 6	47„ 3	47„ 1	46„11	46„ 8	46„ 6	46„ 4
44	48„—	47„10	47„ 7	47„ 5	47„ 3	47„—	46„10	46„ 8
45	48„ 4	48„ 2	47„11	47„ 9	47„ 7	47„ 4	47„ 2	47„—
46	48„ 8	48„ 6	48„ 3	48„ 1	47„11	47„ 8	47„ 6	47„ 4
47	49„—	48„10	48„ 7	48„ 5	48„ 3	48„—	47„10	47„ 8
48	49„ 4	49„ 2	48„11	48„ 9	48„ 7	48„ 4	48„ 2	47„11
49	49„ 8	49„ 6	49„ 3	49„ 1	48„10	48„ 8	48„ 5	48„ 3
50	50„—	49„10	49„ 7	49„ 5	49„ 2	49„—	48„ 9	48„ 7
51	50„ 4	50„ 1	49„11	49„ 9	49„ 6	49„ 4	49„ 1	48„11
52	50„ 8	50„ 5	50„ 3	50„—	49„10	49„ 8	49„ 5	49„ 3
53	51„—	50„ 9	50„ 7	50„ 4	50„ 2	50„—	49„ 9	49„ 7
54	51„ 4	51„ 1	50„11	50„ 8	50„ 6	50„ 3	50„ 1	49„11
55	51„ 8	51„ 5	51„ 3	51„—	50„10	50„ 7	50„ 5	50„ 2
56	52„—	51„ 9	51„ 7	51„ 4	51„ 2	50„11	50„ 9	50„ 6
57	52„ 4	52„ 1	51„11	51„ 8	51„ 6	51„ 3	51„ 1	50„10
58	52„ 8	52„ 5	52„ 3	52„—	51„10	51„ 7	51„ 5	51„ 2
59	53„—	52„ 9	52„ 7	52„ 4	52„ 2	51„11	51„ 8	51„ 6
60	53„ 4	53„ 1	52„11	52„ 8	52„ 6	52„ 3	52„—	51„10
61	53„ 8	53„ 5	53„ 3	53„—	52„ 9	52„ 7	52„ 4	52„ 2
62	54„—	53„ 9	53„ 7	53„ 4	53„ 1	52„11	52„ 8	52„ 6
63	54„ 4	54„ 1	53„11	53„ 8	53„ 5	53„ 3	53„—	52„10
64	54„ 8	54„ 5	54„ 3	54„—	53„ 9	53„ 7	53„ 4	53„ 1
65	55„—	54„ 9	54„ 7	54„ 4	54„ 1	53„11	53„ 8	53„ 5
66	55„ 4	55„ 1	54„11	54„ 8	54„ 5	54„ 2	54„—	53„ 9
67	55„ 8	55„ 5	55„ 2	55„—	54„ 9	54„ 6	54„ 4	54„ 1
68	56„—	55„ 9	55„ 6	55„ 4	55„ 1	54„10	54„ 8	54„ 5
69	56„ 4	56„ 1	55„10	55„ 8	55„ 5	55„ 2	55„—	54„ 9
70	56„ 8	56„ 5	56„ 2	56„—	55„ 9	55„ 6	55„ 3	55„ 1

Weizen

notirt pro 480 Pfund engl. in Shillings,
umgerechnet pro 1000 Kilogramm in Mark.

Shillings	London notirt in Berlin à vista							
	20,25	**20**,30	**20**,35	**20**,40	**20**,45	**20**,50	**20**,55	**20**,60
30	139,5	139,9	140,2	140,6	140,9	141,3	141,6	141,9
31	144,2	144,5	144,9	145,3	145,6	146,0	146,3	146,7
32	148,8	149,2	149,6	149,9	150,3	150,7	151,0	151,4
33	153,5	153,9	154,2	154,6	155,0	155,4	155,8	156,1
34	158,1	158,5	158,9	159,3	159,7	160,1	160,5	160,9
35	162,8	163,2	163,6	164,0	164,4	164,8	165,2	165,6
36	167,4	167,9	168,3	168,7	169,1	169,5	169,9	170,3
37	172,1	172,5	172,9	173,4	173,8	174,2	174,6	175,1
38	176,7	177,2	177,6	178,1	178,5	178,9	179,4	179,8
39	181,4	181,8	182,3	182,7	183,2	183,7	184,1	184,5
40	186,1	186,5	187,0	187,4	187,9	188,3	188,8	189,3
41	190,7	191,2	191,6	192,1	192,6	193,1	193,5	194,0
42	195,4	195,8	196,3	196,8	197,3	197,8	198,3	198,7
43	200,0	200,5	201,0	201,5	202,0	202,5	203,0	203,5
44	204,7	205,2	205,7	206,2	206,7	207,2	207,7	208,2
45	209,3	209,8	210,3	210,9	211,4	211,9	212,4	212,9
46	214,0	214,5	215,0	215,5	216,1	216,6	217,1	217,7
47	218,6	219,1	219,7	220,2	220,8	221,3	221,9	222,4
48	223,3	223,8	224,4	224,9	225,5	226,0	226,6	227,1
49	227,9	228,5	229,0	229,6	230,2	230,7	231,3	231,9
50	232,6	233,1	233,7	234,3	234,9	235,4	236,0	236,6
51	237,2	237,8	238,4	239,0	239,6	240,1	240,7	241,3
52	241,9	242,5	243,1	243,7	244,3	244,9	245,5	246,0
53	246,5	247,1	247,7	248,3	248,9	249,6	250,2	250,8
54	251,2	251,8	252,4	253,0	253,6	254,3	254,9	255,5
55	255,8	256,4	257,1	257,7	258,3	259,0	259,6	260,2
56	260,5	261,1	261,8	262,4	263,0	263,7	264,3	265,0
57	265,1	265,8	266,4	267,1	267,7	268,4	269,1	269,7
58	269,8	270,4	271,1	271,8	272,4	273,1	273,8	274,4
59	274,4	275,1	275,8	276,5	277,1	277,8	278,5	279,2
60	279,1	279,8	280,4	281,1	281,8	282,5	283,2	283,9
61	283,7	284,4	285,1	285,8	286,5	287,2	287,9	288,6
62	288,4	289,1	289,8	290,5	291,2	291,9	292,7	293,4
63	293,0	293,7	294,5	295,2	295,9	296,7	297,4	298,1
64	297,7	298,4	299,1	299,9	300,6	301,4	302,1	302,8
65	302,3	303,1	303,8	304,6	305,3	306,1	306,8	307,6
66	307,0	307,7	308,5	309,3	310,0	310,8	311,5	312,3
67	311,6	312,4	313,2	313,9	314,7	315,5	316,3	317,0
68	316,3	317,0	317,8	318,6	319,4	320,2	321,0	321,8
69	320,9	321,7	322,5	323,3	324,1	324,9	325,7	326,5
70	325,6	326,4	327,2	328,0	328,8	329,6	330,4	331,2
71	330,2	331,0	331,9	332,7	333,5	334,3	335,1	336,0
72	334,9	335,7	336,5	337,4	338,2	339,0	339,9	340,7
73	339,5	340,4	341,2	342,1	342,9	343,7	344,6	345,4
74	344,2	345,0	345,9	346,7	347,6	348,4	349,3	350,1
75	348,8	349,7	350,6	351,4	352,3	353,2	354,0	354,9
Pence								
3	1,2	1,2	1,2	1,2	1,2	1,2	1,2	1,2
6	2,3	2,3	2,3	2,3	2,3	2,4	2,4	2,4
9	3,5	3,5	3,5	3,5	3,5	3,5	3,5	3,6

Weizen

notirt pro 492 Pfund engl. in Shillings,
umgerechnet pro 1000 Kilogramm in Mark.

Shillings.	London notirt in Berlin à vista							
	20,25	**20**,30	**20**,35	**20**,40	**20**,45	**20**,50	**20**,55	**20**,60
30	136,1	136,4	136,8	137,1	137,4	137,8	138,1	138,5
31	140,6	141,0	141,3	141,7	142,0	142,4	142,7	143,1
32	145,2	145,5	145,9	146,3	146,6	147,0	147,3	147,7
33	149,7	150,1	150,5	150,8	151,2	151,6	151,9	152,3
34	154,3	154,6	155,0	155,4	155,8	156,2	156,5	156,9
35	158,8	159,2	159,6	160,0	160,4	160,7	161,1	161,5
36	163,3	163,7	164,1	164,5	164,9	165,3	165,7	166,1
37	167,9	168,3	168,7	169,1	169,5	169,9	170,3	170,8
38	172,4	172,8	173,2	173,7	174,1	174,5	175,0	175,4
39	176,9	177,4	177,8	178,2	178,7	179,1	179,6	180,0
40	181,5	181,9	182,4	182,8	183,3	183,7	184,2	184,6
41	186,0	186,5	186,9	187,4	187,8	188,3	188,8	189,2
42	190,5	191,0	191,5	192,0	192,4	192,9	193,4	193,8
43	195,1	195,6	196,0	196,5	197,0	197,5	198,0	198,5
44	199,6	200,1	200,6	201,1	201,6	202,1	202,6	203,1
45	204,2	204,7	205,2	205,7	206,2	206,7	207,2	207,7
46	208,7	209,2	209,7	210,2	210,8	211,3	211,8	212,3
47	213,2	213,8	214,3	214,8	215,3	215,9	216,4	216,9
48	217,8	218,3	218,8	219,4	219,9	220,5	221,0	221,5
49	222,3	222,9	223,4	223,9	224,5	225,0	225,6	226,1
50	226,8	227,4	228,0	228,5	229,1	229,6	230,2	230,8
51	231,4	231,9	232,5	233,1	233,7	234,2	234,8	235,4
52	235,9	236,5	237,1	237,7	238,2	238,8	239,4	240,0
53	240,4	241,0	241,6	242,2	242,8	243,4	244,0	244,6
54	245,0	245,6	246,2	246,8	247,4	248,0	248,6	249,2
55	249,5	250,1	250,8	251,4	252,0	252,6	253,2	253,8
56	254,1	254,7	255,3	255,9	256,6	257,2	257,8	258,5
57	258,6	259,2	259,9	260,5	261,2	261,8	262,4	263,1
58	263,1	263,8	264,4	265,1	265,7	266,4	267,0	267,7
59	267,7	268,3	269,0	269,7	270,3	271,0	271,6	272,3
60	272,2	272,9	273,6	274,2	274,9	275,6	276,2	276,9
61	276,7	277,4	278,1	278,8	279,5	282,2	280,8	281,5
62	281,3	282,0	282,7	283,4	284,1	284,8	285,4	286,1
63	285,8	286,5	287,2	287,9	288,6	289,3	290,0	290,8
64	290,4	291,1	291,8	292,5	293,2	293,9	294,7	295,4
65	294,9	295,6	296,3	297,1	297,8	298,5	299,3	300,0
66	299,4	300,2	300,9	301,6	302,4	303,1	303,9	304,6
67	304,0	304,7	305,5	306,2	307,0	307,7	308,5	309,2
68	308,5	309,3	310,0	310,8	311,5	312,3	313,1	313,8
69	313,0	313,8	314,6	315,4	316,1	316,9	317,7	318,4
70	317,6	318,4	319,1	319,9	320,7	321,5	322,3	323,1
71	322,1	322,9	323,7	324,5	325,3	326,1	326,9	327,7
72	326,6	327,5	328,3	329,1	329,9	330,7	331,5	332,3
73	331,2	332,0	332,8	333,6	334,5	335,3	336,1	336,9
74	335,7	336,6	337,4	338,2	339,0	339,9	340,7	341,5
75	340,3	341,1	341,9	342,8	343,6	344,5	345,3	346,1
Pence								
3	1,13	1,14	1,14	1,14	1,15	1,15	1,15	1,15
6	2,27	2,27	2,28	2,29	2,29	2,30	2,30	2,31
9	3,40	3,41	3,42	3,43	3,44	3,44	3,45	3,46

Weizen

notirt pro 496 Pfund engl. in Shillings,
umgerechnet pro 1000 Kilogramm in Mark.

Shillings.	London notirt in Berlin à vista							
	20,25	20,30	20,35	20,40	20,45	20,50	20,55	20,60
30	135,0	135,3	135,7	136,0	136,3	136,3	137,0	137,3
31	139,5	139,9	140,2	140,5	140,9	141,2	141,6	141,9
32	144,0	144,4	144,7	145,1	145,4	145,8	146,1	146,5
33	148,5	148,9	149,2	149,6	150,0	150,3	150,7	151,1
34	153,0	153,4	153,8	154,1	154,5	154,9	155,3	155,7
35	157,5	158,0	158,3	158,7	159,1	159,5	159,8	160,2
36	162,0	162,4	162,7	163,2	163,6	164,0	164,4	164,8
37	166,5	166,9	167,2	167,7	168,2	168,6	169,0	169,4
38	171,0	171,4	171,9	172,3	172,7	173,1	173,5	174,0
39	175,5	175,9	176,4	176,8	177,2	177,7	178,1	178,5
40	180,0	180,5	180,9	181,3	181,8	182,2	182,7	183,1
41	184,5	185,0	185,4	185,9	186,3	186,8	187,3	187,7
42	189,0	189,5	190,0	190,4	190,9	191,3	191,8	192,3
43	193,5	194,0	194,5	195,0	195,4	195,9	196,4	196,9
44	198,0	198,5	199,0	199,5	200,0	200,5	201,0	201,4
45	202,5	203,0	203,5	204,0	204,5	205,0	205,5	206,0
46	207,0	207,5	208,0	208,6	209,1	209,6	210,1	210,6
47	211,5	212,0	212,6	213,1	213,6	214,1	214,7	215,2
48	216,0	216,5	217,1	217,6	218,2	218,7	219,2	219,8
49	220,5	221,1	221,6	222,2	222,7	223,2	223,8	224,3
50	225,0	225,6	226,1	226,7	227,3	227,8	228,4	228,9
51	229,5	230,1	230,7	231,2	231,8	232,4	232,9	233,5
52	234,0	234,6	235,2	235,8	236,3	236,9	237,5	238,1
53	238,5	239,1	239,7	240,3	240,9	241,5	242,1	242,6
54	243,0	243,6	244,2	244,8	245,4	246,0	246,6	247,2
55	247,5	248,1	248,7	249,4	250,0	250,6	251,2	251,0
56	252,0	252,6	253,3	253,9	254,5	255,1	255,8	256,4
57	256,5	257,2	257,8	258,4	259,1	259,7	260,3	261,0
58	261,0	261,7	262,3	262,9	263,6	264,2	264,9	265,5
59	265,5	266,2	266,8	267,5	268,1	268,8	269,5	270,1
60	270,0	270,7	271,4	272,0	272,7	273,4	274,0	274,7
61	274,5	275,2	275,9	276,6	277,2	277,9	278,6	279,3
62	279,0	279,7	280,4	281,1	281,8	282,5	283,2	283,8
63	283,5	284,2	284,9	285,6	286,3	287,0	287,7	288,4
64	288,0	288,7	289,4	290,2	290,9	291,6	293,3	293,0
65	292,5	293,2	294,0	294,7	295,4	296,1	296,9	297,6
66	297,0	297,8	298,5	299,2	300,0	300,7	301,4	302,2
67	301,5	302,3	303,0	303,8	304,5	305,2	306,0	306,7
68	306,0	306,8	307,5	308,3	309,0	309,8	310,6	311,3
69	310,5	311,3	312,1	312,8	313,6	314,4	315,1	315,9
70	315,0	315,8	316,6	317,4	318,1	318,9	319,7	320,5
71	319,5	320,3	320,1	321,9	322,7	323,5	324,3	325,0
72	324,0	324,8	325,6	326,4	327,2	328,0	328,8	329,6
73	328,5	329,3	330,1	331,0	331,8	332,6	333,4	334,2
74	333,0	333,8	334,7	335,5	336,3	337,1	338,0	338,8
75	337,5	338,4	339,2	340,0	340,9	341,7	342,5	343,4
Pence								
3	1,1	1,1	1,1	1,1	1,1	1,1	1,1	1,1
6	2,3	2,3	2,3	2,3	2,3	2,3	2,3	2,3
9	3,4	3,4	3,4	3,4	3,4	3,4	3,4	3,4

Weizen

notirt pro 500 Pfund engl. in Shillings,
umgerechnet pro 1000 Kilogramm in Mark.

Shillings.	London notirt in Berlin à vista							
	20,25	**20**,30	**20**,35	**20**,40	**20**,45	**20**,50	**20**,55	**20**,60
30	133,9	134,3	134,6	134,9	135,3	135,6	135,9	136,2
31	138,4	138,7	139,1	139,4	139,8	140,1	140,4	140,8
32	142,9	143,2	143,6	143,9	144,3	144,6	145,0	145,3
33	147,3	147,7	148,1	148,4	148,8	149,1	149,5	149,9
34	151,8	152,2	152,5	152,9	153,3	153,7	154,0	154,4
35	156,3	156,6	157,0	157,4	157,8	158,2	158,6	159,0
36	160,7	161,1	161,5	161,9	162,3	162,7	163,1	163,5
37	165,2	165,6	166,0	166,4	166,8	167,2	167,6	168,0
38	169,6	170,1	170,5	170,9	171,3	171,7	172,2	172,6
39	174,1	174,5	175,0	175,4	175,8	176,3	176,7	177,1
40	178,6	179,0	179,5	179,9	180,3	180,8	181,2	181,7
41	183,0	183,5	183,9	184,4	184,8	185,3	185,8	186,2
42	187,5	188,0	188,4	188,9	189,4	189,8	190,3	190,7
43	192,0	192,4	192,9	193,4	193,9	194,3	194,8	195,3
44	196,4	196,9	197,4	197,9	198,4	198,9	199,3	199,8
45	200,9	201,4	201,9	202,4	202,9	203,4	203,9	204,4
46	205,4	205,9	206,4	206,9	207,4	207,9	208,4	208,9
47	209,8	210,3	210,9	211,4	211,9	212,4	212,9	213,5
48	214,3	214,8	215,3	215,9	216,4	216,9	217,5	218,0
49	218,8	219,3	219,8	220,4	220,9	221,5	222,0	222,5
50	223,2	223,8	224,3	224,9	225,4	226,0	226,5	227,1
51	227,7	228,2	228,8	229,4	229,9	230,5	231,1	231,6
52	232,1	232,7	233,3	233,9	234,4	235,0	235,6	236,2
53	236,6	237,2	237,8	238,4	238,9	239,5	240,1	240,7
54	241,1	241,7	242,3	242,9	243,5	244,1	244,6	245,2
55	245,5	246,1	246,8	247,4	248,0	248,6	249,2	249,8
56	250,0	250,6	251,2	251,9	252,5	253,1	253,7	254,3
57	254,5	255,1	255,7	256,4	257,0	257,6	258,2	258,9
58	258,9	259,6	260,2	260,8	261,5	262,1	262,8	263,4
59	263,4	264,0	264,7	265,3	266,0	266,6	267,3	267,9
60	267,9	268,5	269,2	269,8	270,5	271,2	271,8	272,5
61	272,3	273,0	273,7	274,3	275,0	275,7	276,4	277,0
62	276,8	277,5	278,2	278,8	279,5	280,2	280,9	281,6
63	281,3	281,9	282,6	283,3	284,0	284,7	285,4	286,1
64	285,7	286,4	287,1	287,8	288,5	289,2	289,9	290,7
65	290,2	290,9	291,6	292,3	293,0	293,8	294,5	295,2
66	294,6	295,4	296,1	296,8	297,6	298,3	299,0	299,7
67	299,1	299,8	300,6	301,3	302,1	302,8	303,5	304,3
68	303,6	304,3	305,1	305,8	306,6	307,3	308,1	308,8
69	308,0	308,8	309,6	310,3	311,1	311,8	312,6	313,4
70	312,5	313,3	314,0	314,8	315,6	316,4	317,1	317,9
71	317,0	317,7	318,5	319,3	320,1	320,9	321,7	322,4
72	321,4	322,2	323,0	323,8	324,6	325,4	326,2	327,0
73	325,9	326,7	327,5	328,3	329,1	329,9	330,7	331,5
74	330,4	331,2	332,0	332,8	333,6	334,4	335,3	336,1
75	334,8	335,7	336,5	337,3	338,1	339,0	339,8	340,6
Pence								
3	1,1	1,1	1,1	1,1	1,1	1,1	1,1	1,1
6	2,2	2,2	2,3	2,3	2,3	2,3	2,3	2,3
9	3,4	3,4	3,4	3,4	3,4	3,4	3,4	3,4

Weizen

notirt pro 504 Pfund engl. in Shillings,
umgerechnet pro 1000 Kilogramm in Mark.

Shillings.	London notirt in Berlin à vista.							
	20,25	20,30	20,35	20,40	20,45	20,50	20,55	20,60
30	132,9	133,2	133,5	133,9	134,2	134,5	134,8	135,2
31	137,3	137,6	138,0	138,3	138,7	139,0	139,3	139,7
32	141,7	142,1	142,4	142,8	143,1	143,5	143,8	144,2
33	146,2	146,5	146,9	147,2	147,6	148,0	148,3	148,7
34	150,6	151,0	151,3	151,7	152,1	152,4	152,8	153,2
35	155,0	155,4	155,8	156,2	156,5	156,9	157,3	157,7
36	159,4	159,8	160,2	160,6	161,0	161,4	161,8	162,2
37	163,9	164,3	164,7	165,1	165,5	165,9	166,3	166,7
38	168,3	168,7	169,1	169,6	170,0	170,4	170,8	171,2
39	172,7	173,2	173,6	174,0	174,4	174,8	175,3	175,7
40	177,1	177,6	178,0	178,5	178,9	179,3	179,8	180,2
41	181,6	182,0	182,5	182,9	183,4	183,8	184,3	184,7
42	186,0	186,5	186,9	187,4	187,9	188,3	188,8	189,2
43	190,4	190,9	191,4	191,9	192,3	192,8	193,3	193,7
44	194,9	195,4	195,8	196,3	196,8	197,3	197,8	198,2
45	199,3	199,8	200,3	200,8	201,3	201,8	202,3	202,8
46	203,7	204,2	204,7	205,2	205,7	206,3	206,8	207,3
47	208,2	208,7	209,2	209,7	210,2	210,7	211,2	211,8
48	212,6	213,1	213,6	214,2	214,7	215,2	215,7	216,3
49	217,0	217,6	218,1	218,6	219,2	219,7	220,2	220,8
50	221,4	222,0	222,5	223,1	223,6	224,2	224,7	225,3
51	225,9	226,5	227,0	227,6	228,1	228,7	229,2	229,8
52	230,3	230,9	231,4	232,0	232,6	233,2	233,7	234,3
53	234,7	235,3	235,9	236,5	237,1	237,6	238,2	238,8
54	239,2	239,8	240,3	240,9	241,5	242,1	242,7	243,3
55	243,6	244,2	244,8	245,4	246,0	246,6	247,2	247,8
56	248,0	248,6	249,2	249,9	250,5	251,1	251,7	252,3
57	252,5	253,1	253,7	254,4	254,9	255,6	256,2	256,8
58	256,9	257,5	258,2	258,8	259,4	260,1	260,7	261,3
59	261,3	261,9	262,6	263,2	263,9	264,5	265,1	265,8
60	265,7	266,4	267,1	267,7	268,4	269,0	269,7	270,3
61	270,2	270,8	271,5	272,1	272,8	273,5	274,2	274,8
62	274,6	275,3	276,0	276,6	277,3	278,0	278,7	279,3
63	279,0	279,7	280,4	281,1	281,8	282,5	283,2	283,9
64	283,5	284,2	284,9	285,6	286,3	286,9	287,7	288,4
65	287,9	288,6	289,3	290,0	290,7	291,4	292,2	292,9
66	292,3	293,0	293,8	294,5	295,2	295,9	296,6	297,4
67	296,7	297,5	298,2	298,9	299,7	300,4	301,1	301,9
68	301,2	301,9	302,6	303,4	304,1	304,9	305,6	306 4
69	305,6	306,4	307,1	307,9	308,6	309,3	310,1	310,9
70	310,0	310,8	311,6	312,3	313,1	313,9	314,6	315,4
71	314,5	315,2	316,0	316,8	317,6	318,3	319,1	319,9
72	318,9	319,7	320,5	321,3	322,0	322,8	323,6	324,4
73	323,3	324,1	324,9	325,7	326,5	327,3	328,1	328,9
74	327,7	328,6	329,4	330,2	331,0	331,8	332,6	333,4
75	332,2	333,0	333 8	334,6	335,5	336,3	337,1	337,9
Pence								
3	1,1	1,1	1,1	1,1	1,1	1,1	1,1	1,1
6	2,2	2,2	2,2	2,2	2,2	2,2	2,3	2,3
9	3,3	3,3	3,3	3,4	3,4	3,4	3,4	3,4

Gerste

notirt pro 448 Pfund engl. in Shillings,
umgerechnet pro 1000 Kilogramm in Mark.

Shillings.	London notirt in Berlin à vista							
	20,25	**20**,30	**20**,35	**20**,40	**20**,45	**20**,50	**20**,55	**20**,60
20	99,6	99,9	100,1	100,4	100,6	100,9	101,1	101,4
21	104,6	104,9	105,1	105,4	105,7	105,9	106,2	106,4
22	109,6	109,9	110,2	110,4	110,7	111,0	111,2	111,5
23	114,6	114,9	115,2	115,4	115,7	116,0	116,3	116,6
24	119,6	119,9	120,2	120,5	120,8	121,1	121,3	121,6
25	124,6	124,9	125,2	125,5	125,8	126,1	126,4	126,7
26	129,5	129,9	130,2	130,5	130,8	131,1	131,5	131,8
27	134,5	134,9	135,2	135,5	135,9	136,2	136,5	136,8
28	139,5	139,8	140,2	140,5	140,9	141,2	141,6	141,9
29	144,5	144,8	145,2	145,6	145,9	146,3	146,6	147,0
30	149,5	149,8	150,2	150,6	150,9	151,3	151,7	152,1
31	154,5	154,8	155,2	155,6	156,0	156,4	156,7	157,1
32	159,4	159,8	160,2	160,6	161,0	161,4	161,8	162,2
33	164,4	164,8	165,2	165,6	166,0	166,4	166,9	167,3
34	169,4	169,8	170,2	170,7	171,1	171,5	171,9	172,3
35	174,4	174,8	175,2	175,7	176,1	176,5	177,0	177,4
36	179,4	179,8	180,3	180,7	181,1	181,6	182,0	182,5
37	184,3	184,8	185,3	185,7	186,2	186,6	187,1	187,5
38	189,3	189,8	190,3	190,7	191,2	191,7	192,1	192,6
39	194,3	194,8	195,3	195,8	196,2	196,7	197,2	197,7
40	199,3	199,8	200,3	200,8	201,3	201,8	202,2	202,7
41	204,3	204,8	205,3	205,8	206,3	206,8	207,3	207,8
42	209,3	209,8	210,3	210,8	211,3	211,8	212,4	212,9
43	214,2	214,8	215,3	215,8	216,4	216,9	217,4	217,9
44	219,2	219,8	220,3	220,8	221,4	221,9	222,5	223,0
45	224,2	224,8	225,3	225,9	226,4	227,0	227,5	228,1
46	229,2	229,8	230,3	230,9	231,5	232,0	232,6	233,2
47	234,2	234,8	235,3	235,9	236,5	237,1	237,6	238,2
48	239,2	239,7	240,3	240,9	241,5	242,1	242,7	243,3
49	244,1	244,7	245,3	245,9	246,5	247,2	247,8	248,4
50	249,1	249,7	250,4	251,0	251,6	252,2	252,8	253,4
51	254,1	254,7	255,4	256,0	256,6	257,2	257,9	258,5
52	259,1	259,7	260,4	261,0	261,6	262,3	262,9	263,6
53	264,1	264,7	265,4	266,0	266,7	267,3	268,0	268,6
54	269,1	269,7	270,4	271,0	271,7	272,4	273,0	273,7
55	274,0	274,7	275,4	276,1	276,7	277,4	278,1	278,8
56	279,0	279,7	280,4	281,1	281,8	282,5	283,1	283,8
57	284,0	284,7	285,4	286,1	286,8	287,5	288,2	288,9
58	289,0	289,7	290,4	291,1	291,8	292,5	293,3	294,0
59	294,0	294,7	295,4	296,1	296,9	297,6	298,3	299,0
60	299,0	299,7	300,4	301,2	301,9	302,6	303,4	304,1
61	303,9	304,7	305,4	306,2	306,9	307,7	308,4	309,2
62	308,9	309,7	310,4	311,2	312,0	312,7	313,5	314,3
63	313,9	314,7	315,4	316,2	317,0	317,8	318,5	319,3
64	318,9	319,7	320,5	321,2	322,0	322,8	323,6	324,4
65	323,9	324,7	325,5	326,3	327,1	327,9	328,7	329,5
Pence								
3	1,2	1,2	1,2	1,2	1,3	1,3	1,3	1,3
6	2,5	2,5	2,5	2,5	2,5	2,5	2,5	2,5
9	3,7	3,7	3,8	3,8	3,8	3,8	3,8	3,8

Gerste

notirt pro 432 Pfund engl. in Shillings,
umgerechnet pro 1000 Kilogramm in Mark.

Shillings.	London notirt in Berlin à vista							
	20,25	20,30	20,35	20,40	20,45	20,50	20,55	20,60
20	103,3	103,6	103,8	104,1	104,4	104,6	104,9	105,1
21	108,5	108,8	109,0	109,3	109,6	109,8	110,1	110,4
22	113,7	113,9	114,2	114,5	114,8	115,1	115,4	115,6
23	118,8	119,1	119,4	119,7	120,0	120,3	120,6	120,9
24	124,0	124,3	124,6	124,9	125,2	125,5	125,8	126,1
25	129,2	129,5	129,8	130,1	130,4	130,8	131,1	131,4
26	134,3	134,7	135,0	135,3	135,7	136,0	136,3	136,7
27	139,5	139,8	140,2	140,5	140,9	141,2	141,6	141,9
28	144,7	145,0	145,4	145,7	146,1	146,5	146,8	147,2
29	149,8	150,2	150,6	150,9	151,3	151,7	152,1	152,4
30	155,0	155,4	155,8	156,2	156,5	156,9	157,3	157,7
31	160,2	160,6	161,0	161,4	161,8	162,1	162,5	162,9
32	165,3	165,7	166,2	166,6	167,0	167,4	167,8	168,2
33	170,5	170,9	171,3	171,8	172,2	172,6	173,0	173,5
34	175,7	176,1	176,5	177,0	177,4	177,8	178,3	178,7
35	180,8	181,3	181,7	182,2	182,6	183,1	183,5	184,0
36	186,0	186,5	186,9	187,4	187,8	188,3	188,8	189,2
37	191,2	191,6	192,1	192,6	193,1	193,5	194,0	194,5
38	196,3	196,8	197,3	197,8	198,3	198,8	199,2	199,7
39	201,5	202,0	202,5	203,0	203,5	204,0	204,5	205,0
40	206,7	207,2	207,7	208,2	208,7	209,2	209,7	210,2
41	211,8	212,4	212,9	213,4	213,9	214,5	215,0	215,5
42	217,0	217,5	218,1	218,6	219,2	219,7	220,2	220,8
43	222,2	222,7	223,3	223,8	224,4	224,9	225,5	226,0
44	227,3	227,9	228,5	229,0	229,6	230,1	230,7	231,3
45	232,5	233,1	233,7	234,2	234,8	235,4	236,0	236,5
46	237,7	238,3	238,9	239,4	240,0	240,6	241,2	241,8
47	242,8	243,4	244,0	244,6	245,2	245,8	246,4	247,0
48	248,0	248,6	249,2	249,8	250,5	251,1	251,7	252,3
49	253,2	253,8	254,4	255,1	255,7	256,3	256,9	257,6
50	258,3	259,0	259,6	260,3	260,9	261,5	262,2	262,8
51	263,5	264,2	264,8	265,5	266,1	266,8	267,4	268,1
52	268,7	269,3	270,0	270,7	271,3	272,0	272,7	273,3
53	273,8	274,5	275,2	275,9	276,6	277,2	277,9	278,6
54	279,0	279,7	280,4	281,1	281,8	282,5	283,1	283,8
55	284,2	284,9	285,6	286,3	287,0	287,7	288,4	289,1
56	289,3	290,1	290,8	291,5	292,2	292,9	293,6	294,3
57	294,5	295,2	296,0	296,7	297,4	298,1	298,9	299,6
58	299,7	300,4	301,2	301,9	302,6	303,4	304,1	304,9
59	304,8	305,6	306,4	307,1	307,9	308,6	309,4	310,1
60	310,0	310,8	311,5	312,3	313,1	313,8	314,6	315,4
61	315,2	316,0	316,7	317,5	318,3	319,1	319,9	320,6
62	320,3	321,1	321,9	322,7	323,5	324,3	325,1	325,9
63	325,5	326,3	327,1	327,9	328,7	329,5	330,3	331,1
64	330,7	331,5	332,3	333,1	333,9	334,8	335,6	336,4
65	335,8	336,7	337,5	338,3	339,2	340,0	340,8	341,7
Pence								
3	1,3	1,3	1,3	1,3	1,3	1,3	1,3	1,3
6	2,6	2,6	2,6	2,6	2,6	2,6	2,6	2,6
9	3,9	3,9	3,9	3,9	3,9	3,9	3,9	3,9

Gerste

notirt pro 416 Pfund engl. in Shillings,
umgerechnet pro 1000 Kilogramm in Mark.

Shillings.	London notirt in Berlin à vista							
	20,25	20,30	20,35	20,40	20,45	20,50	20,55	20,60
20	107,3	107,6	107,8	108,1	108,4	108,6	108,9	109,2
21	112,7	113,0	113,2	113,5	113,8	114,1	114,3	114,6
22	118,0	118,3	118,6	118,9	119,2	119,5	119,8	120,1
23	123,4	123,7	124,0	124,3	124,6	124,9	125,2	125,5
24	128,8	129,1	129,4	129,7	130,0	130,4	130,7	131,0
25	134,1	134,5	134,8	135,1	135,5	135,8	136,1	136,5
26	139,5	139,8	140,2	140,5	140,9	141,2	141,6	141,9
27	144,9	145,2	145,6	145,9	146,3	146,7	147,0	147,4
28	150,2	150,6	151,0	151,3	151,7	152,1	152,5	152,8
29	155,6	156,0	156,4	156,8	157,1	157,5	157,9	158,3
30	161,0	161,4	161,8	162,2	162,6	163,0	163,4	163,7
31	166,3	166,7	167,2	167,6	168,0	168,4	168,8	169,2
32	171,7	172,1	172,5	173,0	173,4	173,8	174,2	174,7
33	177,1	177,5	177,9	178,4	178,8	179,3	179,7	180,1
34	182,4	182,9	183,3	183,8	184,2	184,7	185,1	185,6
35	187,8	188,3	188,7	189,2	189,6	190,1	190,6	191,0
36	193,2	193,6	194,1	194,6	195,1	195,5	196,0	196,5
37	198,5	199,0	199,5	200,0	200,5	201,0	201,5	202,0
38	203,9	204,4	204,9	205,4	205,9	206,4	206,9	207,4
39	209,3	209,8	210,3	210,8	211,3	211,8	212,4	212,9
40	214,6	215,2	215,7	216,2	216,7	217,3	217,8	218,3
41	220,0	220,5	221,1	221,6	222,2	222,7	223,2	223,8
42	225,4	225,9	226,5	227,0	227,6	228,1	228,7	229,3
43	230,7	231,3	231,9	232,4	233,0	233,6	234,1	234,7
44	236,1	236,7	237,3	237,8	238,4	239,0	239,6	240,2
45	241,5	242,0	242,6	243,2	243,8	244,4	245,0	245,6
46	246,8	247,4	248,0	248,6	249,3	249,9	250,5	251,1
47	252,2	252,8	253,4	254,1	254,7	255,3	255,9	256,5
48	257,5	258,2	258,8	259,5	260,1	260,7	261,4	262,0
49	262,9	263,6	264,2	264,9	265,5	266,2	266,8	267,5
50	268,3	268,9	269,6	270,3	270,9	271,6	272,3	272,9
51	273,6	274,3	275,0	275,7	276,3	277,0	277,7	278,4
52	279,0	279,7	280,4	281,1	281,8	282,5	283,1	283,8
53	284,4	285,1	285,8	286,5	287,2	287,9	288,6	289,3
54	289,7	290,5	291,2	291,9	292,6	293,3	294,0	294,8
55	295,1	295,8	296,6	297,3	298,0	298,8	299,5	300,2
56	300,5	301,2	302,0	302,7	303,4	304,2	304,9	305,7
57	305,8	306,6	307,4	308,1	308,9	309,6	310,4	311,1
58	311,2	312,0	312,7	313,5	314,3	315,1	315,8	316,6
59	316,6	317,4	318,1	318,9	319,7	320,5	321,3	322,0
60	321,9	322,7	323,5	324,3	325,1	325,9	326,7	327,5
61	327,3	328,1	328,9	329,7	330,5	331,3	332,2	333,0
62	332,7	333,5	334,3	335,1	336,0	336,8	337,6	338,4
63	338,0	338,9	339,7	340,5	341,4	342,2	343,0	343,9
64	343,4	344,3	345,1	345,9	346,8	347,6	348,5	349,3
65	348,8	349,6	350,5	351,4	352,2	353,1	353,9	354,8
Pence								
3	1,3	1,3	1,3	1,3	1,3	1,4	1,4	1,4
6	2,7	2,7	2,7	2,7	2,7	2,7	2,7	2,7
9	4,0	4,0	4,0	4,0	4,0	4,1	4,1	4,1

Gerste

notirt pro 400 Pfund engl. in Shillings,
umgerechnet pro 100 Kilogramm in Mark.

Shillings.	London notirt in Berlin à vista							
	20,25	20,30	20,35	20,40	20,45	20,50	20,55	20,60
20	111,6	111,9	112,1	112,4	112,7	113,0	113,3	113,5
21	117,2	117,5	117,8	118,0	118,3	118,6	118,9	119,2
22	122,8	123,1	123,4	123,7	124,0	124,3	124,6	124,9
23	128,3	128,7	129,0	129,3	129,6	129,9	130,2	130,6
24	133,9	134,2	134,6	134,9	135,2	135,6	135,9	136,2
25	139,5	139,8	140,2	140,5	140,9	141,2	141,6	141,9
26	145,1	145,4	145,8	146,2	146,5	146,9	147,2	147,6
27	150,7	151,0	151,4	151,8	152,1	152,5	152,9	153,3
28	156,2	156,6	157,0	157,4	157,8	158,2	158,6	158,9
29	161,8	162,2	162,6	163,0	163,4	163,8	164,2	164,6
30	167,4	167,8	168,2	168,6	169,1	169,5	169,9	170,3
31	173,0	173,4	173,8	174,3	174,7	175,1	175,5	176,0
32	178,6	179,0	179,4	179,9	180,3	180,8	181,2	181,6
33	184,1	184,6	185,1	185,5	186,0	186,4	186,9	187,3
34	189,7	190,2	190,7	191,1	191,6	192,1	192,5	193,0
35	195,3	195,8	196,3	196,7	197,2	197,7	198,2	198,7
36	200,9	201,4	201,9	202,4	202,9	203,4	203,9	204,4
37	206,5	207,0	207,5	208,0	208,5	209,0	209,5	210,0
38	212,0	212,6	213,1	213,6	214,1	214,7	215,2	215,7
39	217,6	218,2	218,7	219,2	219,8	220,3	220,8	221,4
40	223,2	223,8	224,3	224,9	225,4	226,0	226,5	227,1
41	228,8	229,3	229,9	230,5	231,0	231,6	232,2	232,7
42	234,4	234,9	235,5	236,1	236,7	237,3	237,8	238,4
43	239,9	240,5	241,1	241,7	242,3	242,9	243,5	244,1
44	245,5	246,1	246,7	247,3	247,9	248,6	249,2	249,8
45	251,1	251,7	252,3	253,0	253,6	254,2	254,8	255,4
46	256,7	257,3	258,0	258,6	259,2	259,9	260,5	261,1
47	262,3	262,9	263,6	264,2	264,9	265,5	266,2	266,8
48	267,8	268,5	269,2	269,8	270,5	271,2	271,8	272,5
49	273,4	274,1	274,8	275,4	276,1	276,8	277,5	278,1
50	279,0	279,7	280,4	281,1	281,8	282,5	283,1	283,8
51	284,6	285,3	286,0	286,7	287,4	288,1	288,8	289,5
52	290,2	290,9	291,6	292,3	293,0	293,7	294,5	295,2
53	295,7	296,5	297,2	297,9	298,7	299,4	300,1	300,9
54	301,3	302,1	302,8	303,6	304,3	305,0	305,8	306,5
55	306,9	307,7	308,4	309,2	309,9	310,7	311,5	312,2
56	312,5	313,3	314,0	314,8	315,6	316,3	317,1	317,9
57	318,1	318,9	319,6	320,4	321,2	322,0	322,8	323,6
58	323,6	324,4	325,2	326,0	326,8	327,6	328,4	329,2
59	329,2	330,0	330,9	331,7	332,5	333,3	334,1	334,9
60	334,8	335,6	336,5	337,3	338,1	338,9	339,8	340,6
61	340,4	341,2	342,1	342,9	343,7	344,6	345,4	346,3
62	346,0	346,8	347,7	348,5	349,4	350,2	351,1	351,9
63	351,5	352,4	353,3	354,2	355,0	355,9	356,8	357,6
64	357,1	358,0	358,9	359,8	360,7	361,5	362,4	363,3
65	362,7	363,6	364,5	365,4	366,3	367,2	368,1	369,0
Pence								
3	1,4	1,4	1,4	1,4	1,4	1,4	1,4	1,4
6	2,8	2,8	2,8	2,8	2,8	2,8	2,8	2,8
9	4,2	4,2	4,2	4,2	4,2	4,2	4,2	4,2

Hafer

notirt pro 336 Pfund engl. in Shillings,
umgerechnet pro 1000 Kilogramm in Mark.

Shillings.	London notirt in Berlin à vista							
	20,25	**20,30**	**20,35**	**20,40**	**20,45**	**20,50**	**20,55**	**20,60**
10	66,4	66,6	66,8	66,9	67,1	67,2	67,4	67,6
11	73,1	73,3	73,4	73,6	73,8	74,0	74,2	74,3
12	79,7	79,9	80,1	80,3	80,5	80,7	80,9	81,1
13	86,4	86,6	86,8	87,0	87,2	87,4	87,6	87,9
14	93,0	93,2	93,5	93,7	93,9	94,1	94,4	94,6
15	99,7	99,9	100,1	100,4	100,6	100,9	101,1	101,4
16	106,3	106,6	106,8	107,1	107,3	107,6	107,9	108,1
17	113,0	113,2	113,5	113,8	114,0	114,3	114,6	114,9
18	119,6	119,9	120,2	120,5	120,8	121,0	121,3	121,6
19	126,2	126,5	126,8	127,2	127,5	127,8	128,1	128,4
20	132,9	133,2	133,5	133,8	134,2	134,5	134,8	135,2
21	139,5	139,9	140,2	140,5	140,9	141,2	141,6	141,9
22	146,2	146,5	146,9	147,2	147,6	148,0	148,3	148,7
23	152,8	153,2	153,5	153,9	154,3	154,7	155,1	155,4
24	159,5	159,8	160,2	160,6	161,0	161,4	161,8	162,2
25	166,1	166,5	166,9	167,3	167,7	168,1	168,5	169,0
26	172,7	173,2	173,6	174,0	174,4	174,9	175,3	175,7
27	179,4	179,8	180,3	180,7	181,1	181,6	182,0	182,5
28	186,0	186,5	186,9	187,4	187,8	188,3	188,8	189,2
29	192,7	193,1	193,6	194,1	194,6	195,0	195,5	195,9
30	199,3	199,8	200,3	200,8	201,3	201,8	202,3	202,7
Pence								
3	1,7	1,7	1,7	1,7	1,7	1,7	1,7	1,7
6	3,3	3,3	3,3	3,3	3,3	3,4	3,4	3,4
9	5,0	5,0	5,0	5,0	5,0	5,0	5,0	5,1
Shill.	Notirt pro 320 Pfund engl. in Shillings							
10	69,7	69,9	70,1	70,3	70,4	70,6	70,8	71,0
11	76,7	76,9	77,1	77,3	77,5	77,7	77,9	78,1
12	83,7	83,9	84,1	84,3	84,5	84,7	84,9	85,1
13	90,7	90,9	91,1	91,3	91,6	91,8	92,0	92,2
14	97,7	97,9	98,1	98,4	98,6	98,9	99,1	99,3
15	104,6	104,9	105,1	105,4	105,7	105,9	106,2	106,4
16	111,6	111,9	112,2	112,4	112,7	113,0	113,3	113,5
17	118,6	118,9	119,2	119,5	119,7	120,0	120,3	120,6
18	125,6	125,9	126,2	126,5	126,8	127,1	127,4	127,7
19	132,5	132,9	133,2	133,5	133,8	134,2	134,5	134,8
20	139,5	139,8	140,2	140,5	140,9	141,2	141,6	141,9
21	146,5	146,8	147,2	147,6	147,9	148,3	148,6	149,0
22	153,5	153,8	154,2	154,6	155,0	155,3	155,7	156,1
23	160,4	160,8	161,2	161,6	162,0	162,4	162,8	163,2
24	167,4	167,8	168,2	168,6	169,1	169,5	169,9	170,3
25	174,4	174,8	175,2	175,7	176,1	176,5	177,0	177,4
26	181,4	181,8	182,3	182,7	183,1	183,6	184,0	184,5
27	188,3	188,8	189,3	189,7	190,2	190,7	191,1	191,6
28	195,3	195,8	196,3	196,8	197,2	197,7	198,2	198,7
29	202,3	202,8	203,3	203,8	204,3	204,8	205,3	205,8
30	209,3	209,8	210,3	210,8	211,3	211,8	212,4	212,9
Pence								
3	1,7	1,7	1,7	1,8	1,8	1,8	1,8	1,8
6	3,5	3,5	3,5	3,5	3,5	3,5	3,5	3,5
9	5,2	5,2	5,2	5,3	5,3	5,3	5,3	5,3

Getreide

notirt pro 100 Pfund engl. in Shillings und Pence,
umgerechnet pro 1000 Kilogramm in Mark.

Shillings und Pence	London notirt in Berlin à vista							
	20,25	**20**,30	**20**,35	**20**,40	**20**,45	**20**,50	**20**,55	**20**,60
1„—	22,3	22,4	22,4	22,5	22,5	22,6	22,6	22,7
2	26,0	26,1	26,2	26,2	26,3	26,4	26,4	26,5
4	29,8	29,8	29,9	30,0	30,1	30,1	30,2	30,3
6	33,5	33,6	33,6	33,7	33,8	33,9	34,0	34,1
8	37,2	37,3	37,4	37,5	37,6	37,7	37,7	37,8
10	40,9	41,0	41,1	41,2	41,3	41,4	41,5	41,6
2„—	44,6	44,7	44,9	45,0	45,1	45,2	45,3	45,4
2	48,4	48,5	48,6	48,7	48,8	49,0	49,1	49,2
4	52,1	52,2	52,3	52,5	52,6	52,7	52,8	53,0
6	55,8	55,9	56,1	56,2	56,3	56,5	56,6	56,8
8	59,5	59,7	59,8	60,0	60,1	60,3	60,4	60,5
10	63,2	63,4	63,6	63,7	63,9	64,0	64,2	64,3
3„—	67,0	67,1	67,3	67,5	67,6	67,8	68,0	68,1
2	70,7	70,9	71,0	71,2	71,4	71,6	71,7	71,9
4	74,4	74,6	74,8	75,0	75,1	75,3	75,5	75,7
6	78,1	78,3	78,5	78,7	78,9	79,1	79,3	79,5
8	81,8	82,0	82,2	82,4	82,6	82,9	83,1	83,3
10	85,6	85,8	86,0	86,2	86,4	86,6	86,8	87,0
4„—	89,3	89,5	89,7	90,0	90,2	90,4	90,6	90,8
2	93,0	93,2	93,5	93,7	93,9	94,1	94,4	94,6
4	96,7	97,0	97,2	97,4	97,7	97,9	98,2	98,4
6	100,4	100,7	100,9	101,2	101,4	101,7	101,9	102,8
8	104,2	104,4	104,7	104,9	105,2	105,4	105,7	106,0
10	107,9	108,1	108,4	108,8	108,9	109,2	109,5	109,7
5„—	111,6	111,9	112,2	112,4	112,7	113,0	113,3	113,5
2	115,3	115,6	115,9	116,3	116,5	116,7	117,0	117,3
4	119,0	119,3	119,6	119,9	120,2	120,5	120,8	121,1
6	122,8	123,1	123,4	123,7	124,0	124,3	124,6	124,9
8	126,5	126,8	127,1	127,4	127,7	128,0	128,4	128,7
10	130,2	130,5	130,8	131,2	131,5	131,8	132,1	132,5
6„—	133,9	134,3	134,6	134,9	135,2	135,6	135,9	136,2
2	137,6	138,0	138,3	138,7	139,0	139,3	139,7	140,0
4	141,4	141,7	142,1	142,4	142,8	143,1	143,5	143,8
6	145,1	145,4	145,8	146,2	146,5	146,9	147,2	147,6
8	148,8	149,2	149,5	149,9	150,3	150,6	151,0	151,4
10	152,5	152,9	153,3	153,7	154,0	154,4	154,8	155,2
7„—	156,2	156,6	157,0	157,4	157,8	158,2	158,6	158,9
2	160,0	160,4	160,8	161,2	161,5	161,9	162,3	162,7
4	163,7	164,1	164,5	164,9	165,3	165,7	166,1	166,5
6	167,4	167,8	168,2	168,6	169,1	169,5	169,9	170,3
8	171,1	171,5	172,0	172,4	172,8	173,2	173,7	174,1
10	174,8	175,3	175,7	176,1	176,6	177,0	177,4	177,9
8„—	178,6	179,0	179,4	179,9	180,3	180,8	181,2	181,7
2	182,3	182,7	183,2	183,6	184,1	184,5	185,0	185,4
4	186,0	186,5	186,9	187,4	187,8	188,3	188,8	189,2
6	189,7	190,2	190,7	191,1	191,6	192,1	192,5	193,0
8	193,4	193,9	194,4	194,9	195,4	195,8	196,3	196,8
10	197,2	197,7	198,2	198,6	199,1	199,6	200,1	200,6
Diff. für 1 Penny.	1,9	1,9	1,9	1,9	1,9	1,9	1,9	1,9

Getreide

notirt pro 100 Pfund engl. in Shillings und Pence, umgerechnet pro 1000 Kilogramm in Mark.

Shillings und Pence	London notirt in Berlin à vista							
	20,25	**20**,30	**20**,35	**20**,40	**20**,45	**20**,50	**20**,55	**20**,60
9„—	200,9	201,4	201,9	202,4	202,9	203,4	203,9	204,4
2	204,6	205,1	205,6	206,1	206,6	207,1	207,6	208,1
4	208,3	208,9	209,4	209,9	210,4	210,9	211,4	211,9
6	212,0	212,6	213,1	213,6	214,1	214,7	215,2	215,7
8	215,8	216,3	216,8	217,4	217,9	218,4	219,0	219,5
10	219,5	220,0	220,6	221,1	221,7	222,2	222,8	223,3
10„—	223,2	223,8	224,3	224,9	225,4	226,0	226,5	227,1
2	226,9	227,5	228,1	228,6	229,2	229,7	230,3	230,9
4	230,7	231,2	231,8	232,4	232,9	233,5	234,1	234,6
6	234,4	234,9	235,5	236,1	236,7	237,3	237,9	238,4
8	238,1	238,7	239,3	239,9	240,4	241,0	241,6	242,2
10	241,8	242,4	243,0	243,6	244,2	244,8	245,4	246,0
11„—	245,5	246,1	246,7	247,4	248,0	248,6	249,2	249,8
2	249,3	249,9	250,5	251,1	251,7	252,3	252,9	253,6
4	253,0	253,6	254,2	254,9	255,5	256,1	256,7	257,3
6	256,7	257,3	258,0	258,6	259,2	259,9	260,5	261,1
8	260,4	261,1	261,7	262,4	263,0	263,6	264,3	264,9
10	264,1	264,8	265,4	266,1	266,7	267,4	268,0	268,7
12„—	267,9	268,5	269,2	269,8	270,5	271,2	271,8	272,5
2	271,6	272,2	272,9	273,6	274,3	274,9	275,6	276,3
4	275,3	276,0	276,7	277,3	278,0	278,7	279,4	280,1
6	279,0	279,7	280,4	281,1	281,8	282,5	283,1	283,8
8	282,7	283,4	284,1	284,8	285,5	286,2	286,9	287,6
10	286,5	287,2	287,9	288,6	289,3	290,0	290,7	291,4
13„—	290,2	290,9	291,6	292,3	293,0	293,8	294,5	295,2
2	293,9	294,6	295,3	296,1	296,8	297,5	298,3	299,0
4	297,6	298,3	299,1	299,8	300,6	301,3	302,0	302,8
6	301,3	302,1	302,8	303,6	304,3	305,1	305,8	306,5
8	305,1	305,8	306,6	307,3	308,1	308,8	309,6	310,3
10	308,8	309,5	310,3	311,1	311,8	312,6	313,4	314,1
14„—	312,5	313,3	314,0	314,8	315,6	316,4	317,1	317,9
2	316,2	317,0	317,8	318,6	319,3	320,1	320,9	321,7
4	319,9	320,7	321,5	322,3	323,1	323,9	324,7	325,5
6	323,7	324,5	325,3	326,1	326,9	327,7	328,5	329,3
8	327,4	328,2	329,0	329,8	330,6	331,4	332,2	333,0
10	331,1	331,9	332,7	333,5	334,4	335,2	336,0	336,8
15„—	334,8	335,6	336,5	337,3	338,1	339,0	339,8	340,6
2	338,5	339,4	340,2	341,0	341,9	342,7	343,6	344,4
4	342,3	343,1	343,9	344,8	345,6	346,5	347,3	348,2
6	346,0	346,8	347,7	348,5	349,4	350,3	351,1	352,0
8	349,7	350,6	351,4	352,3	353,2	354,0	354,9	355,8
10	353,4	354,3	355,2	356,0	356,9	357,8	358,7	359,5
16„—	357,1	358,0	358,9	359,8	360,7	361,5	362,4	363,3
2	360,9	361,7	362,6	363,5	364,4	365,3	366,2	367,1
4	364,5	365,5	366,4	367,3	368,2	369,1	370,0	370,9
6	368,3	369,2	370,1	371,0	371,9	372,8	373,8	374,7
8	372,2	372,9	373,9	374,8	375,7	376,6	377,5	378,4
10	375,8	376,7	377,6	378,5	379,5	380,4	381,3	382,2
Diff. für 1 Penny.	1,9	1,9	1,9	1,9	1,9	1,9	1,9	1,9

Mehl

notirt pro 196 Pfund engl. in Dollars,
umgerechnet pro 280 Pfund engl. in Shillings und Pence.

Dollars	London notirt in New-York à vista							
	4,80	**4,82**	**4,84**	**4,86**	**4,88**	**4,90**	**4,92**	**4,94**
2,60	15„ 6	15„ 5	15„ 4	15„ 3	15„ 3	15„ 2	15„ 1	15„—
70	16„ 1	16„—	15„11	15„10	15„10	15„ 9	15„ 8	15„ 7
80	16„ 8	16„ 7	16„ 6	16„ 6	16„ 5	16„ 4	16„ 3	16„ 2
90	17„ 3	17„ 2	17„ 1	17„ 1	17„—	16„11	16„10	16„ 9
3,—	17„10	17„ 9	17„ 9	17„ 8	17„ 7	17„ 6	17„ 5	17„ 4
10	18„ 5	18„ 5	18„ 4	18„ 3	18„ 2	18„ 1	18„—	17„11
20	19„—	19„—	18„11	18„10	18„ 9	18„ 8	18„ 7	18„ 6
30	19„ 8	19„ 7	19„ 5	19„ 5	19„ 4	19„ 3	19„ 2	19„ 1
40	20„ 3	20„ 2	20„ 1	20„—	19„11	19„10	19„ 9	19„ 8
50	20„10	20„ 9	20„ 8	20„ 7	20„ 6	20„ 5	20„ 4	20„ 3
60	21„ 5	21„ 4	21„ 3	21„ 2	21„ 1	21„—	20„11	20„10
70	22„—	21„11	21„10	21„ 9	21„ 8	21„ 7	21„ 6	21„ 5
80	22„ 7	22„ 6	22„ 5	22„ 4	22„ 3	22„ 2	22„ 1	22„—
90	23„ 3	23„ 1	23„—	22„11	22„10	22„ 9	22„ 8	22„ 7
4,—	23„10	23„ 9	23„ 8	23„ 6	23„ 5	23„ 4	23„ 3	23„ 2
10	24„ 5	24„ 4	24„ 2	24„ 1	24„—	23„11	23„10	23„ 9
20	25„—	24„11	24„10	24„ 8	24„ 7	24„ 6	24„ 5	24„ 3
30	25„ 7	25„ 6	25„ 5	25„ 3	25„ 2	25„ 1	25„—	24„10
40	26„ 2	26„ 1	26„—	25„10	25„ 9	25„ 8	25„ 7	25„ 5
50	26„ 9	26„ 8	26„ 7	26„ 5	26„ 4	26„ 3	26„ 2	26„—
60	27„ 5	27„ 3	27„ 2	27„ 1	26„11	26„10	26„ 9	26„ 7
70	28„—	27„10	27„ 9	27„ 8	27„ 6	27„ 5	27„ 3	27„ 2
80	28„ 7	28„ 5	28„ 4	28„ 3	28„ 1	28„—	27„10	27„ 9
90	29„ 2	29„ 1	28„11	28„10	28„ 8	28„ 7	28„ 5	28„ 4
5,—	29„ 9	29„ 8	29„ 6	29„ 5	29„ 3	29„ 2	29„—	28„10
10	30„ 4	30„ 3	30„ 1	30„—	29„10	29„ 9	29„ 7	29„ 5
20	30„11	30„10	30„ 8	30„ 7	30„ 5	30„ 4	30„ 2	30„ 1
30	31„ 7	31„ 4	31„ 3	31„ 2	31„—	30„11	30„ 9	30„ 8
40	32„ 2	32„—	31„11	31„ 9	31„ 7	31„ 6	31„ 4	31„ 3
50	32„ 9	32„ 7	32„ 6	32„ 4	32„ 2	32„ 1	31„11	31„10
60	33„ 4	33„ 2	33„ 1	32„11	32„ 9	32„ 8	32„ 6	32„ 5
70	33„11	33„ 9	33„ 8	33„ 6	33„ 4	33„ 3	33„ 1	33„—
80	34„ 6	34„ 5	34„ 3	34„ 1	33„11	33„10	33„ 8	33„ 7
90	35„ 1	34„12	34„10	34„ 8	34„ 6	34„ 5	34„ 3	34„ 1
6,—	35„ 9	35„ 7	35„ 5	35„ 3	35„ 2	35„—	34„10	34„ 8
10	36„ 4	36„ 2	36„—	35„10	35„ 9	35„ 7	35„ 5	35„ 3
20	36„11	36„ 9	36„ 7	36„ 5	36„ 4	36„ 2	36„—	35„10
30	37„ 6	37„ 4	37„ 2	37„—	36„11	36„ 9	36„ 7	36„ 5
40	38„ 1	37„11	37„ 9	37„ 8	37„ 6	37„ 4	37„ 2	37„—
50	38„ 8	38„ 6	38„ 5	38„ 3	38„ 1	37„11	37„ 9	37„ 7
60	39„ 3	39„ 1	39„—	38„10	38„ 8	38„ 6	38„ 4	38„ 2
70	39„11	39„ 9	39„ 7	39„ 5	39„ 3	39„ 1	38„11	38„ 9
80	40„ 6	40„ 4	40„ 2	40„—	39„10	39„ 8	39„ 6	39„ 4
90	41„ 1	40„11	40„ 9	40„ 7	40„ 5	40„ 3	40„ 1	39„11
7,—	41„ 8	41„ 6	41„ 4	41„ 2	41„—	40„10	40„ 8	40„ 6
10	42„ 3	42„ 1	41„11	41„ 9	41„ 7	41„ 5	41„ 3	41„ 1
20	42„10	42„ 8	42„ 6	42„ 4	42„ 2	42„—	41„10	41„ 8
30	43„ 5	43„ 3	43„ 1	42„11	42„ 9	42„ 7	42„ 5	42„ 3
40	44„—	43„10	43„ 8	43„ 6	43„ 4	43„ 2	43„—	42„10
50	44„ 8	44„ 5	44„ 3	44„ 1	43„11	43„ 9	43„ 7	43„ 5

Mehl

notirt pro 280 Pfund engl. in Shillings,
umgerechnet pro 100 Kilogramm in Mark.

Shillings.	London notirt in Berlin à vista.							
	20,25	20,30	20,35	20,40	20,45	20,50	20,55	20,60
20	15,94	15,98	16,02	16,06	16,10	16,14	16,18	16,22
21	16,74	16,78	16,82	16,87	16,91	16,95	16,99	17,03
22	17,54	17,58	17,62	17,67	17,71	17,75	17,80	17,84
23	18,34	18,38	18,43	18,47	18,52	18,56	18,61	18,65
24	19,13	19,18	19,23	19,27	19,32	19,37	19,42	19,46
25	19,93	19,98	20,03	20,08	20,13	20,18	20,23	20,27
26	20,73	20,78	20,83	20,88	20,93	20,98	21,03	21,09
27	21,53	21,58	21,63	21,68	21,74	21,79	21,84	21,90
28	22,32	22,38	22,43	22,49	22,54	22,60	22,65	22,71
29	23,12	23,18	23,23	23,29	23,35	23,40	23,46	23,52
30	23,92	23,97	24,03	24,09	24,15	24,21	24,27	24,33
31	24,71	24,77	24,84	24,90	24,96	25,02	25,08	25,14
32	25,51	25,57	25,64	25,70	25,76	25,83	25,89	25,95
33	26,31	26,37	26,44	26,50	26,57	26,63	26,70	26,76
34	27,10	27,17	27,24	27,31	27,37	27,44	27,51	27,57
35	27,90	27,97	28,04	28,11	28,18	28,25	28,32	28,38
36	28,70	28,77	28,84	28,91	28,98	29,05	29,12	29,19
37	29,50	29,57	29,64	29,71	29,79	29,86	29,93	30,01
38	30,29	30,37	30,44	30,52	30,59	30,67	30,74	30,82
39	31,09	31,17	31,24	31,32	31,40	31,47	31,55	31,63
40	31,89	31,97	32,05	32,12	32,20	32,28	32,36	32,44
41	32,68	32,77	32,85	32,93	33,01	33,09	33,17	33,25
42	33,48	33,56	33,65	33,73	33,81	33,90	33,98	34,06
43	34,28	34,36	34,45	34,50	34,62	34,70	34,79	34,87
44	35,08	35,16	35,25	35,34	35,42	35,51	35,60	35,68
45	35,87	35,96	36,05	36,14	36,23	36,32	36,41	36,49
46	36,67	36,76	36,85	36,94	37,03	37,12	37,21	37,30
47	37,47	37,56	37,65	37,75	37,84	37,93	38,02	38,12
48	38,27	38,36	38,45	38,55	38,64	38,74	38,83	38,93
49	39,06	39,16	39,26	39,35	39,45	39,54	39,64	39,74
50	39,86	39,96	40,06	40,15	40,25	40,35	40,45	40,55
51	40,66	40,76	40,86	40,96	41,06	41,16	41,26	41,36
52	41,45	41,56	41,66	41,76	41,86	41,97	42,07	42,17
53	42,25	42,36	42,46	42,56	42,67	42,77	42,88	42,98
54	43,05	43,15	43,26	43,37	43,47	43,58	43,69	43,79
55	43,85	43,95	44,06	44,17	44,28	44,39	44,50	44,60
56	44,64	44,75	44,86	44,97	45,08	45,19	45,30	45,41
57	45,44	45,55	45,66	45,78	45,89	46,00	46,11	46,23
58	46,24	46,35	46,47	46,58	46,69	46,81	46,92	47,04
59	47,03	47,15	47,27	47,38	47,50	47,62	47,73	47,85
60	47,83	47,95	48,07	48,19	48,30	48,42	48,54	48,66
61	48,63	48,75	48,87	48,99	49,11	49,23	49,35	49,47
62	49,43	49,55	49,67	49,79	49,91	50,04	50,16	50,28
63	50,22	50,35	50,47	50,59	50,72	50,84	50,97	51,09
64	51,02	51,15	51,27	51,40	51,52	51,65	51,78	51,90
65	51,82	51,95	52,07	52,20	52,33	52,46	52,59	52,71
Pence								
3	0,20	0,20	0,20	0,20	0,20	0,20	0,20	0,20
6	0,40	0,40	0,40	0,40	0,40	0,40	0,40	0,41
9	0,60	0,60	0,60	0,60	0,60	0,61	0,61	0,61

Getreide

notirt pro Pud (40 russische Pfunde) in Kopeken,
umgerechnet pro 1000 Kilogramm in Mark

Kopeken	Papier-Rubel notiren in Berlin					
	186	188	190	192	194	196
40	45,42	45,91	46,40	46,89	47,38	47,86
41	46,56	47,06	47,56	48,06	48,56	49,06
42	47,69	48,20	48,72	49,23	49,74	50,26
43	48,83	49,35	49,88	50,40	50,93	51,45
44	49,96	50,50	51,04	51,58	52,11	52,65
45	51,10	51,65	52,20	52,75	53,30	53,85
46	52,23	52,79	53,36	53,92	54,48	55,04
47	53,37	53,94	54,52	55,09	55,67	56,24
48	54,50	55,09	55,68	56,27	56,85	57,44
49	55,64	56,24	56,84	57,44	58,04	58,63
50	56.77	57,38	57,99	58,61	59,22	59,83
51	57,91	58,53	59,15	59,78	60,40	61,03
52	59,05	59,68	60,31	60,95	61,59	62,22
53	60,18	60,83	61,47	62,13	62,77	63,42
54	61,32	61,98	62,63	63,30	63,96	64,62
55	62,45	63,12	63,79	64,47	65,14	65,81
56	63,59	64,27	64,95	65,64	66,33	67,01
57	64,72	65,42	66,11	66,82	67,51	68,21
58	65,86	66,57	67,27	67,99	68,70	69,40
59	66,99	67,71	68,43	69,16	69,88	70,60
60	68,13	68,86	69,59	70,33	71,06	71,80
61	69,27	70,01	70,75	71,50	72,25	72,99
62	70,40	71,16	71,91	72,68	73,43	74,19
63	71,54	72,31	73,07	73,85	74,62	75,39
64	72,67	73,45	74,23	75,02	75,80	76,58
65	73,81	74,60	75,39	76,19	76,99	77,78
66	74,94	75,75	76,55	77,37	78,17	78,98
67	76,08	76,90	77,71	78,54	79,35	80,17
68	77,21	78,04	78,87	79.71	80,54	81,37
69	78,35	79,19	80,03	80,88	81,72	82,57
70	79,48	80,34	81,19	82 05	82,91	83,76
71	80,62	81,49	82,35	83,23	84,09	84,96
72	81,76	82,63	83,51	84,40	85,28	86,16
73	82,89	83,78	84,67	85,57	86,46	87,35
74	84,03	84,93	85,83	86,74	87,65	88,55
75	85,16	86,08	86,99	87,91	88,83	89,74
76	86,30	87,23	88,15	89,09	90,01	90,94
77	87,43	88,37	89,31	90,26	91,20	92,14
78	88,57	89,52	90,47	91,43	92,38	93,33
79	89,70	90,67	91,63	92,60	93,57	94,53
80	90,84	91,82	92,79	93,78	94,75	95,73
81	91,98	92,96	93,95	94,95	95,94	96,92
82	93,11	94,11	95,11	96,12	97,12	98,12
83	94,25	95,26	96,27	97,29	98,31	99,32
84	95,38	96,41	97,43	98,46	99,49	100,51
85	96,52	97,55	98,59	99,64	100,67	101,71
86	97,65	98,70	99,75	100,81	101,86	102,91
87	98,79	99,85	100,91	101,98	103,04	104,10
88	99,92	101,00	102,07	103,15	104,23	105,30
89	101,06	102,15	103,23	104,33	105,41	106,50

Getreide

notirt pro Pud (40 russische Pfunde) in Kopeken,
umgerechnet pro 1000 Kilogramm in Mark.

Kopeken.	Papier-Rubel notiren in Wien					
	198	200	202	204	206	208
40	48,35	48,84	49,33	49,82	50,30	50,79
41	49,56	50,06	50,56	51,06	51,56	52,06
42	50,77	51,28	51,79	52,31	52,82	53,33
43	51,98	52,50	53,03	53,55	54,08	54,60
44	53,19	53,72	54,26	54,80	55,33	55,87
45	54,40	54,94	55,49	56,04	56,59	57,14
46	55,60	56,17	56,73	57,29	57,85	58,41
47	56,81	57,39	57,96	58,53	59,11	59,68
48	58,02	58,61	59,19	59,78	60,36	60,95
49	59,23	59,83	60,43	61,02	61,62	62,22
50	60,44	61,05	61,66	62,27	62,88	63,49
51	61,65	62,27	62,89	63,52	64,14	64,76
52	62,86	63,49	64,13	64,76	65,40	66,03
53	64,07	64,71	65,36	66,01	66,65	67,30
54	65,28	65,93	66,59	67,25	67,91	68,57
55	66,48	67,15	67,83	68,50	69,17	69,84
56	67,69	68,38	69,06	69,74	70,43	71,11
57	68,90	69,60	70,29	70,99	71,68	72,38
58	70,11	70,82	71,53	72,23	72,94	73,65
59	71,32	72,04	72,76	73,48	74,20	74,92
60	72,53	73,26	73,99	74,72	75,46	76,19
61	73,74	74,48	75,23	75,97	76,71	77,46
62	74,95	75,70	76,46	77,21	77,97	78,73
63	76,15	76,92	77,69	78,46	79,23	80,00
64	77,36	78,14	78,92	79,71	80,49	81,27
65	78,57	79,36	80,16	80,95	81,74	82,54
66	79,78	80,59	81,39	82,20	83,00	83,81
67	80,99	81,81	82,62	83,44	84,26	85,08
68	82,20	83,03	83,86	84,69	85,52	86,35
69	83,41	84,25	85,09	85,93	86,77	87,62
70	84,62	85,47	86,32	87,18	88,03	88,89
71	85,82	86,69	87,56	88,42	89,29	90,16
72	87,03	87,91	88,79	89,67	90,55	91,43
73	88,24	89,13	90,02	90,91	91,80	92,70
74	89,45	90,35	91,26	92,16	93,06	93,97
75	90,66	91,57	92,49	93,40	94,32	95,23
76	91,87	92,80	93,72	94,65	95,58	96,50
77	93,08	94,02	94,96	95,90	96,84	97,77
78	94,29	95,24	96,19	97,14	98,09	99,04
79	95,50	96,46	97,42	98,39	99,35	100,31
80	96,70	97,68	98,66	99,63	100,61	101,58
81	97,91	98,90	99,89	100,88	101,87	102,85
82	99,12	100,12	101,12	102,12	103,12	104,12
83	100,33	101,34	102,36	103,37	104,38	105,39
84	101,54	102,56	103,59	104,61	105,64	106,66
85	102,75	103,78	104,82	105,86	106,90	107,93
86	103,96	105,01	106,06	107,10	108,15	109,20
87	105,17	106,23	107,29	108,35	109,41	110,47
88	106,37	107,45	108,52	109,60	110,67	111,74
89	107,58	108,67	109,75	110,84	111,93	113,01

Getreide

notirt pro Pud (40 russische Pfunde) in Kopeken, umgerechnet pro 1000 Kilogramm in Mark.

Kopeken	Papier-Rubel notiren in Berlin					
	210	212	214	216	218	220
40	51,28	51,77	52,26	52,75	53,24	53,72
41	52,56	53,07	53,57	54,07	54,57	55,07
42	53,84	54,36	54,87	55,39	55,90	56,41
43	55,13	55,65	56,18	56,70	57,23	57,75
44	56,41	56,95	57,49	58,02	58,56	59,10
45	57,69	58,24	58,79	59,34	59,89	60,44
46	58,97	59,54	60,10	60,66	61,22	61,78
47	60,25	60,83	61,41	61,98	62,55	63,13
48	61,54	62,13	62,71	63,30	63,88	64,47
49	62,82	63,42	64,02	64,62	65,21	65,81
50	64,10	64,71	65,32	65,93	66,54	67,15
51	65,38	66,01	66,63	67,25	67,88	68,50
52	66,66	67,30	67,94	68,57	69,21	69,84
53	67,95	68,60	69,24	69,89	70,54	71,18
54	69,23	69,89	70,55	71,21	71,87	72,53
55	70,51	71,19	71,86	72,53	73,20	73,87
56	71,79	72,48	73,16	73,85	74,53	75,21
57	73,07	73,78	74,47	75,17	75,86	76,56
58	74,36	75,07	75,78	76,48	77,19	77,90
59	75,64	76,36	77,08	77,80	78,52	79,24
60	76,92	77,66	78,39	79,12	79,85	80,59
61	78,20	78,95	79,70	80,44	81,18	81,93
62	79,48	80,25	81,00	81,76	82,52	83,27
63	80,77	81,54	82,31	83,08	83,85	84,62
64	82,05	82,84	83,62	84,40	85,18	85,96
65	83,33	84,13	84,92	85,72	86,51	87,30
66	84,61	85,42	86,23	87,03	87,84	88,64
67	85,89	86,72	87,54	88,35	89,17	89,99
68	87,18	88,01	88,84	89,67	90,50	91,33
69	88,46	89,31	90,15	90,99	91,83	92,67
70	89,74	90,60	91,45	92,31	93,16	94,02
71	91,02	91,90	92,76	93,63	94,49	95,36
72	92,30	93,19	94,07	94,95	95,82	96,70
73	93,59	94,48	95,37	96,27	97,16	98,05
74	94,87	95,78	96,68	97,58	98,49	99,39
75	96,15	97,07	97,99	98,90	99,82	100,73
76	97,43	98,37	99,29	100,22	101,15	102,08
77	98,71	99,66	100,60	101,54	102,48	103,42
78	100,00	100,95	101,91	102,86	103,81	104,76
79	101,28	102,25	103,21	104,18	105,14	106,10
80	102,56	103,54	104,52	105,50	106,47	107,45
81	103,84	104,84	105,83	106,81	107,80	108,79
82	105,12	106,13	107,13	108,13	109,13	110,13
83	106,41	107,43	108,44	109,45	110,46	111,48
84	107,69	108,72	109,75	110,77	111,80	112,82
85	108,97	110,02	111,05	112,09	113,13	114,16
86	110,25	111,31	112,36	113,41	114,46	115,51
87	111,53	112,60	113,67	114,73	115,79	116,85
88	112,82	113,90	114,97	116,05	117,12	118,19
89	114,10	115,19	116,28	117,36	118,45	119,54

Getreide

notirt pro Pud (40 russische Pfunde) in Kopeken,
umgerechnet pro 1000 Kilogramm in Mark.

Kopeken.	Papier-Rubel notiren in Berlin					
	222	224	226	228	230	232
40	54,21	54,70	55,19	55,68	56,17	56,65
41	55,57	56,07	56,57	57,07	57,57	58,07
42	56,92	57,44	57,95	58,46	58,97	59,49
43	58,28	58,80	59,33	59,85	60,38	60,90
44	59,63	60,17	60,71	61,25	61,78	62,32
45	60,99	61,54	62,09	62,64	63,19	63,74
46	62,34	62,91	63,47	64,03	64,59	65,15
47	63,70	64,27	64,85	65,42	66,00	66,57
48	65,05	65,64	66,23	66,81	67,40	67,99
49	66,41	67,01	67,61	68,20	68,80	69,40
50	67,77	68,38	68,99	69,60	70,21	70,82
51	69,12	69,74	70,37	70,99	71,61	72,23
52	70,48	71,11	71,75	72,38	73,02	73,65
53	71,83	72,48	73,13	73,77	74,42	75,07
54	73,19	73,85	74,50	75,16	75,82	76,48
55	74,54	75,21	75,88	76,56	77,23	77,90
56	75,90	76,58	77,26	77,95	78,63	79,32
57	77,25	77,95	78,64	79,34	80,04	80,73
58	78,61	79,32	80,02	80,73	81,44	82,15
59	79,96	80,68	81,40	82,12	82,84	83,57
60	81,32	82,05	82,78	83,52	84,25	84,98
61	82,67	83,42	84,16	84,91	85,65	86,40
62	84,03	84,79	85,54	86,30	87,06	87,81
63	85,38	86,15	86,92	87,69	88,46	89,23
64	86,74	87,52	88,30	89,08	89,87	90,65
65	88,09	88,89	89,68	90,48	91,27	92,06
66	89,45	90,26	91,06	91,87	92,67	93,48
67	90,81	91,62	92,44	93,26	94,08	94,90
68	92,16	92,99	93,82	94,65	95,48	96,31
69	93,52	94,36	95,20	96,04	96,89	97,73
70	94,87	95,73	96,58	97,43	98,29	99,15
71	96,23	97,09	97,96	98,83	99,69	100,56
72	97,58	98,46	99,34	100,22	101,10	101,98
73	98,94	99,83	100,72	101,61	102,50	103,39
74	100,29	101,20	102,10	103,00	103,91	104,81
75	101,65	102,56	103,48	104,39	105,31	106,23
76	103,00	103,93	104,86	105,79	106,72	107,64
77	104,36	105,30	106,24	107,18	108,12	109,06
78	105,71	106,67	107,62	108,57	109,52	110,48
79	107,07	108,03	109,00	109,96	110,93	111,89
80	108,42	109,40	110,38	111,35	112,33	113,31
81	109,78	110,77	111,76	112,75	113,74	114,73
82	111,13	112,14	113,14	114,14	115,14	116,14
83	112,49	113,50	114,52	115,53	116,54	117,56
84	113,85	114,87	115,90	116,92	117,95	118,97
85	115,20	116,24	117,28	118,32	119,35	120,39
86	116,56	117,61	118,66	119,71	120,76	121,81
87	117,91	118,97	120,04	121,10	122,16	123,22
88	119,27	120,34	121,41	122,49	123,57	124,64
89	120,62	121,71	122,79	123,88	124,97	126,06

Getreide

notirt pro Pud (40 russische Pfunde) in Kopeken, umgerechnet pro 1000 Kilogramm in Mark.

Kopeken.	Papier-Rubel notiren in Berlin					
	186	**188**	**190**	**192**	**194**	**196**
90	102,19	103,29	104,39	105,50	106,60	107,69
91	103,33	104,44	105,55	106,67	107,78	108,89
92	104,47	105,59	106,71	107,84	108,96	110,09
93	105,60	106,74	107,87	109,01	110,15	111,28
94	106,74	107,88	109,03	110,19	111,33	112,48
95	107,87	109,03	110,19	111,36	112,52	113,68
96	109,01	110,18	111,35	112,53	113,70	114,87
97	110,14	111,33	112,51	113,70	114,89	116,07
89	111,28	112,47	113,67	114,88	116,07	117,27
99	112,41	113,62	114,83	116,05	117,26	118,46
100	113,55	114,77	115,99	117,22	118,44	119,66
101	114,69	115,92	117,15	118,39	119,62	120,86
102	115,82	117,07	118,31	119,56	120,81	122,05
103	116,96	118,21	119,47	120,74	121,99	123,25
104	118,09	119,36	120,63	121,91	123,18	124,45
105	119,23	120,51	121,79	123,08	124,36	125,64
106	120,36	121,66	122,95	124,25	125,55	126,84
107	121,50	122,80	124,11	125,43	126,73	128,04
108	122,63	123,95	125,27	126,60	127,92	129,23
109	123,77	125,10	126,43	127,77	129,10	130,43
110	124,90	126,25	127,59	128,94	130,28	131,63
111	126,04	127,39	128,75	130,11	131,47	132,82
112	127,18	128,54	129,91	131,29	132,65	134,02
113	128,31	129,69	131,07	132,46	133,84	135,22
114	129,45	130,84	132,23	133,63	135,02	136,41
115	130,58	131,99	133,39	134,80	136,21	137,61
116	131,72	133,13	134,55	135,98	137,39	138,81
117	132,85	134,28	135,71	137,15	138,57	140,00
118	133,99	135,43	136,87	138,32	139,76	141,20
119	135,12	136,58	138,03	139,49	140,94	142,40
120	136,26	137,72	139,19	140,66	142,13	143,59
121	137,40	138,87	140,35	141,84	143,31	144,79
122	138,53	140,02	141,51	143,01	144,50	145,99
123	139,67	141,17	142,67	144,18	145,68	147,18
124	140,80	142,31	143,83	145,35	146,87	148,38
125	141,94	143,46	144,99	146,52	148,05	149,57
126	143,07	144,61	146,15	147,70	149,23	150,77
127	144,21	145,76	147,31	148,87	150,42	151,97
128	145,34	146,91	148,47	150,04	151,60	153,16
129	146,48	148,05	149,63	151,21	152,79	154,36
130	147,61	149,20	150,79	152,39	153,97	155,56
131	148,75	150,35	151,95	153,56	155,16	156,75
132	149,89	151,50	153,11	154,73	156,34	157,95
133	151,02	152,64	154,27	155,90	157,53	159,15
134	152,16	153,79	155,43	157,07	158,71	160,34
135	153,29	154,94	156,59	158,25	159,89	161,54
136	154,43	156,09	157,75	159,42	161,08	162,74
137	155,56	157,23	158,91	160,59	162,26	163,93
138	156,70	158,38	160,07	161,76	163,45	165,13
139	157,83	159,53	161,23	162,94	164,63	166,33
140	158,97	160,68	162,39	164,11	165,82	167,52

Getreide

notirt pro Pud (40 russische Pfunde) in Kopeken, umgerechnet pro 1000 Kilogramm in Mark.

Kopeken	Papier-Rubel notiren in Berlin					
	198	**200**	**202**	**204**	**206**	**208**
90	108,79	109,89	110,99	112,09	113,18	114,28
91	110,00	111,11	112,22	113,33	114,44	115,55
92	111,21	112,33	113,45	114,58	115,70	116,82
93	112,42	113,55	114,69	115,82	116,96	118,09
94	113,63	114,77	115,92	117,07	118,21	119,36
95	114,84	115,99	117,15	118,31	119,47	120,63
96	116,04	117,22	118,39	119,56	120,73	121,90
97	117,25	118,44	119,62	120,80	121,99	123,17
98	118,46	119,66	120,85	122,05	123,24	124,44
99	119,67	120,88	122,09	123,29	124,50	125,71
100	120,88	122,10	123,32	124,54	125,76	126,98
101	122,09	123,32	124,55	125,79	127,02	128,25
102	123,30	124,54	125,79	127,03	128,28	129,52
103	124,51	125,76	127,02	128,28	129,53	130,79
104	125,72	126,98	128,25	129,52	130,79	132,06
105	126,92	128,20	129,49	130,77	132,05	133,33
106	128,13	129,43	130,72	132,01	133,31	134,60
107	129,34	130,65	131,95	133,26	134,56	135,87
108	130,55	131,87	133,19	134,50	135,82	137,14
109	131,76	133,09	134,42	135,75	137,08	138,41
110	132,97	134,31	135,65	136,99	138,34	139,68
111	134,18	135,53	136,89	138,24	139,59	140,95
112	135,39	136,75	138,12	139,48	140,85	142,22
113	136,59	137,97	139,35	140,73	142,11	143,49
114	137,80	139,19	140,58	141,98	143,37	144,76
115	139,01	140,41	141,82	143,22	144,62	146,03
116	140,22	141,64	143,05	144,47	145,88	147,30
117	141,43	142,86	144,28	145,71	147,14	148,57
118	142,64	144,08	145,52	146,96	148,40	149,84
119	143,85	145,30	146,75	148,20	149,65	151,11
120	145,06	146,52	147,98	149,45	150,91	152,38
121	146,26	147,74	149,22	150,69	152,17	153,65
122	147,47	148,96	150,45	151,94	153,43	154,92
123	148,68	150,18	151,68	153,18	154,68	156,19
124	149,89	151,40	152,92	154,43	155,94	157,46
125	151,10	152,62	154,15	155,67	157,20	158,72
126	152,31	153,85	155,38	156,92	158,46	159,99
127	153,52	155,07	156,62	158,17	159,72	161,26
128	154,73	156,29	157,85	159,41	160,97	162,53
129	155,94	157,51	159,08	160,66	162,23	163,80
130	157,14	158,73	160,32	161,90	163,49	165,07
131	158,35	159,95	161,55	163,15	164,75	166,34
132	159,56	161,17	162,78	164,39	166,00	167,61
133	160,77	162,39	164,02	165,64	167,26	168,88
134	161,98	163,61	165,25	166,88	168,52	170,15
135	163,19	164,83	166,48	168,13	169,78	171,42
136	164,40	166,06	167,72	169,37	171,03	172,69
137	165,61	167,28	168,95	170,62	172,29	173,96
138	166,81	168,50	170,18	171,87	173,55	175,23
139	168,02	169,72	171,41	173,11	174,81	176,50
140	169,23	170,94	172,65	174,36	176,06	177,77

Getreide

notirt pro Pud (40 russische Pfunde) in Kopeken, umgerechnet pro 1000 Kilogramm in Mark.

Kopeken	Papier-Rubel notiren in Berlin					
	210	212	214	216	218	220
90	115,38	116,49	117,58	118,68	119,78	120,88
91	116,66	117,78	118,89	120,00	121,11	122,22
92	117,94	119,08	120,20	121,32	122,44	123,57
93	119,23	120,37	121,50	122,64	123,77	124,91
94	120,51	121,66	122,81	123,96	125,10	126,25
95	121,79	122,96	124,12	125,28	126,44	127,59
96	123,07	124,25	125,42	126,60	127,77	128,94
97	124,35	125,55	126,73	127,91	129,10	130,28
98	125,64	126,84	128,04	129,23	130,43	131,62
99	126,92	128,14	129,34	130,55	131,76	132,97
100	128,20	129,43	130,65	131,87	133,09	134,31
101	129,48	130,72	131,96	133,19	134,42	135,65
102	130,76	132,02	133,26	134,51	135,75	137,00
103	132,05	133,31	134,57	135,83	137,08	138,34
104	133,33	134,61	135,88	137,14	138,41	139,68
105	134,61	135,90	137,18	138,46	139,74	141,03
106	135,89	137,20	138,49	139,78	141,08	142,37
107	137,17	138,49	139,80	141,10	142,41	143,71
108	138,46	139,78	141,10	142,42	143,74	145,05
109	139,74	141,08	142,41	143,74	145,07	146,40
110	141,02	142,37	143,71	145,06	146,40	147,74
111	142,30	143,67	145,02	146,38	147,73	149,08
112	143,58	144,96	146,33	147,69	149,06	150,43
113	144,87	146,26	147,63	149,01	150,39	151,77
114	146,15	147,55	148,94	150,33	151,72	153,11
115	147,43	148,84	150,25	151,65	153,05	154,46
116	148,71	150,14	151,55	152,97	154,38	155,80
117	149,99	151,43	152,86	154,29	155,72	157,14
118	151,28	152,73	154,17	155,61	157,05	158,49
119	152,56	154,02	155,47	156,93	158,38	159,83
120	153,84	155,32	156,78	158,24	159,71	161,17
121	155,12	156,61	158,09	159,56	161,04	162,52
122	156,40	157,90	159,39	160,88	162,37	163,86
123	157,69	159,20	160,70	162,20	163,70	165,20
124	158,97	160,49	162,01	163,52	165,03	166,54
125	160,25	161,79	163,31	164,84	166,36	167,89
126	161,53	163,08	164,62	166,16	167,69	169,23
127	162,81	164,38	165,93	167,47	169,02	170,57
128	164,10	165,67	167,23	168,79	170,36	171,92
129	165,38	166,96	168,54	170,11	171,69	173,26
130	166,66	168,26	169,84	171,43	173,02	174,60
131	167,94	169,55	171,15	172,74	174,35	175,95
132	169,22	170,85	172,46	174,07	175,68	177,29
133	170,51	172,14	173,76	175,39	177,01	178,63
134	171,79	173,44	175,07	176,71	178,34	179,98
135	173,07	174,73	176,38	178,02	179,67	181,32
136	174,35	176,02	177,68	179,34	181,00	182,66
137	175,63	177,32	178,99	180,66	182,33	184,00
138	176,92	178,61	180,30	181,98	183,66	185,35
139	178,20	179,91	181,60	183,30	184,99	186,69
140	179,48	181,20	182,91	184,62	186,33	188,03

Getreide

notirt pro Pud (40 russische Pfunde) in Kopeken,
umgerechnet pro 1000 Kilogramm in Mark.

Kopeken	Papier-Rubel notiren in Berlin					
	222	**224**	**226**	**228**	**230**	**232**
90	121,98	123,08	124,17	125,27	126,37	127,47
91	123,33	124,44	125,55	126,66	127,78	128,89
92	124,69	125,81	126,93	128,06	129,18	130,31
93	126,04	127,18	128,31	129,45	130,59	131,72
94	127,40	128,55	129,69	130,84	131,99	133,14
95	128,75	129,91	131,07	132,23	133,39	134,55
96	130,11	131,28	132,45	133,62	134,80	135,97
97	131,46	132,65	133,83	135,02	136,20	137,39
98	132,82	134,02	135,21	136,41	137,61	138,80
99	134,18	135,38	136,59	137,80	139,01	140,22
100	135,53	136,75	137,97	139,19	140,41	141,64
101	136,89	138,12	139,35	140,58	141,82	143,05
102	138,24	139,49	140,73	141,98	143,22	144,47
103	139,60	140,85	142,11	143,37	144,63	145,89
104	140,95	142,22	143,49	144,76	146,03	147,30
105	142,31	143,59	144,87	146,15	147,44	148,72
106	143,66	144,96	146,25	147,54	148,84	150,13
107	145,02	146,32	147,63	148,93	150,24	151,55
108	146,37	147,69	149,01	150,33	151,65	152,97
109	147,73	149,06	150,39	151,72	153,05	154,38
110	149,08	150,43	151,77	153,11	154,46	155,80
111	150,44	151,79	153,15	154,50	155,86	157,22
112	151,79	153,16	154,53	155,89	157,26	158,63
113	153,15	154,53	155,91	157,29	158,67	160,05
114	154,50	155,90	157,29	158,68	160,07	161,47
115	155,86	157,26	158,67	160,07	161,48	162,88
116	157,22	158,63	160,05	161,46	162,88	164,30
117	158,57	160,00	161,43	162,85	164,29	165,71
118	159,93	161,37	162,81	164,25	165,69	167,13
119	161,28	162,73	164,19	165,64	167,09	168,55
120	162,64	164,10	165,57	167,03	168,50	169,96
121	163,99	165,47	166,94	168,42	169,90	171,38
122	165,35	166,84	168,32	169,81	171,31	172,80
123	166,70	168,20	169,70	171,21	172,71	174,21
124	168,06	169,57	171,08	172,60	174,11	175,63
125	169,41	170,94	172,46	173,99	175,52	177,04
126	170,77	172,31	173,84	175,38	176,92	178,46
127	172,12	173,67	175,22	176,77	178,32	179,88
128	173,48	175,04	176,60	178,16	179,73	181,29
129	174,83	176,41	177,98	179,55	181,14	182,71
130	176,19	177,78	179,36	180,95	182,54	184,13
131	177,54	179,14	180,74	182,34	183,94	185,54
132	178,90	180,51	182,12	183,73	185,35	186,96
133	180,26	181,88	183,50	185,12	186,75	188,38
134	181,61	183,25	184,88	186,52	188,16	189,79
135	182,97	184,61	186,26	187,91	189,56	191,21
136	184,32	185,98	187,64	189,30	190,96	192,62
137	185,68	187,35	189,02	190,69	192,37	194,04
138	187,03	188,72	190,40	192,08	193,77	195,46
139	188,39	190,08	191,78	193,48	195,18	196,87
140	189,74	191,45	193,16	194,87	196,58	198,29

Getreide

notirt pro Pud (40 russische Pfunde) in Kopeken, umgerechnet pro 1000 Kilogramm in Mark.

Kopeken	Papier-Rubel notiren in Berlin					
	186	188	190	192	194	196
141	160,11	161,83	163,55	165,27	167,00	168,72
142	161,25	162,98	164,71	166,45	168,18	169,91
143	162,38	164,13	165,87	167,62	169,36	171,11
144	163,52	165,27	167,03	168,79	170,55	172,31
145	164,65	166,42	168,19	169,96	171,73	173,50
146	165,79	167,57	169,35	171,14	172,92	174,70
147	166,92	168,72	170,51	172,31	174,10	175,90
148	168,06	169,87	171,67	173,48	175,29	177,09
149	169,19	171,01	172,83	174,65	176,47	178,29
150	170,33	172,16	173,99	175,82	177,66	179,49
151	171,47	173,31	175,15	177,00	178,84	180,68
152	172,60	174,46	176,31	178,17	180,02	181,88
153	173,74	175,60	177,47	179,34	181,21	183,08
154	174,87	176,75	178,63	180,51	182,39	184,27
155	176,01	177,90	179,79	181,69	183,58	185,47
156	177,14	179,05	180,95	182,86	184,76	186,67
157	178,28	180,20	182,11	184,03	185,95	187,86
158	179,41	181,34	183,27	185,20	187,13	189,06
159	180,55	182,49	184,43	186,37	188,32	190,26
160	181,68	183,64	185,59	187,55	189,50	191,45
161	182,82	184,79	186,75	188,72	190,68	192,65
162	183,96	185,93	187,91	189,89	191,87	193,85
163	185,09	187,08	189,07	191,06	193,05	195,04
164	186,23	188,23	190,23	192,24	194,24	196,24
165	187,36	189,38	191,39	193,41	195,42	197,44
166	188,50	190,52	192,55	194,58	196,61	198,64
167	189,63	191,67	193,71	195,75	197,79	199,83
168	190,77	192,82	194,87	196,92	198,97	201,03
169	191,90	193,97	196,03	198,10	200,16	202,22
170	193,04	195,12	197,19	199,27	201,34	203,42
171	194,18	196,26	198,35	200,44	202,53	204,62
172	195,31	197,41	199,51	201,61	203,71	205,81
173	196,45	198,56	200,67	202,78	204,90	207,01
174	197,58	199,71	201,83	203,96	206,08	208,21
175	198,72	200,85	202,99	205,13	207,27	209,40
176	199,85	202,00	204,15	206,30	208,45	210,60
177	200,99	203,15	205,31	207,47	209,63	211,80
178	202,12	204,30	206,47	208,65	210,82	212,99
179	203,26	205,45	207,63	209,82	212,00	214,19
180	204,40	206,59	208,79	210,99	213,19	215,39
181	205,53	207,74	209,95	212,16	214,37	216,58
182	206,67	208,89	211,11	213,33	215,56	217,78
183	207,80	210,04	212,27	214,51	216,74	218,97
184	208,94	211,18	213,43	215,68	217,93	220,17
185	210,07	212,33	214,59	216,85	219,11	221,37
186	211,21	213,48	215,75	218,02	220,29	222,56
187	212,34	214,63	216,91	219,20	221,48	223,76
188	213,48	215,78	218,07	220,37	222,66	224,96
189	214,62	216,92	219,23	221,54	223,85	226,15
190	215,75	218,07	220,39	222,71	225,03	227,35

Getreide

notirt pro Pud (40 russische Pfunde) in Kopeken,
umgerechnet pro 1000 Kilogramm in Mark.

Kopeken	Papier-Rubel notiren in Berlin 198	200	202	204	206	208
141	170,44	172,16	173,88	175,60	177,32	179,04
142	171,65	173,38	175,11	176,85	178,58	180,31
143	172,86	174,60	176,35	178,10	179,84	181,58
144	174,07	175,82	177,58	179,34	181,09	182,85
145	175,27	177,04	178,82	180,59	182,35	184,12
146	176,48	178,27	180,05	181,83	183,61	185,39
147	177,69	179,49	181,28	183,08	184,87	186,66
148	178,90	180,71	182,52	184,32	186,12	187,93
149	180,11	181,93	183,75	185,57	187,38	189,20
150	181,32	183,15	184,98	186,81	188,64	190,47
151	182,53	184,37	186,21	188,06	189,90	191,74
152	183,74	185,59	187,45	189,30	191,15	193,01
153	184,94	186,81	188,68	190,55	192,41	194,28
154	186,15	188,03	189,91	191,79	193,67	195,55
155	187,36	189,25	191,15	193,04	194,93	196,82
156	188,57	190,48	192,38	194,29	196,19	198,09
157	189,78	191,70	193,61	195,53	197,44	199,36
158	190,99	192,92	194,85	196,78	198,70	200,63
159	192,20	194,14	196,08	198,02	199,96	201,90
160	193,41	195,36	197,31	199,27	201,22	203,17
161	194,62	196,58	198,55	200,51	202,47	204,44
162	195,82	197,80	199,78	201,76	203,73	205,71
163	197,03	199,02	201,01	203,00	204,99	206,98
164	198,24	200,24	202,25	204,25	206,25	208,25
165	199,45	201,46	203,48	205,49	207,50	209,52
166	200,66	202,69	204,71	206,74	208,76	210,79
167	201,87	203,91	205,95	207,98	210,02	212,06
168	203,08	205,13	207,18	209,23	211,28	213,33
169	204,29	206,35	208,41	210,48	212,53	214,60
170	205,49	207,57	209,65	211,72	213,79	215,87
171	206,70	208,79	210,88	212,97	215,05	217,14
172	207,91	210,01	212,11	214,21	216,31	218,41
173	209,12	211,23	213,35	215,46	217,56	219,68
174	210,33	212,45	214,58	216,70	218,82	220,95
175	211,54	213,67	215,81	217,95	220,08	222,21
176	212,75	214,90	217,04	219,19	221,34	223,48
177	213,96	216,12	218,28	220,44	222,60	224,75
178	215,16	217,34	219,51	221,68	223,85	226,02
179	216,37	218,56	220,74	222,93	225,11	227,29
180	217,58	219,78	221,98	224,17	226,37	228,56
181	218,79	221,00	223,21	225,42	227,63	229,83
182	220,00	222,22	224,44	226,67	228,88	231,10
183	221,21	223,44	225,68	227,91	230,14	232,37
184	222,42	224,66	226,91	229,16	231,40	233,64
185	223,63	225,88	228,14	230,40	232,66	234,91
186	224,84	227,11	229,38	231,65	233,91	236,18
187	226,04	228,33	230,61	232,89	235,17	237,45
188	227,25	229,55	231,84	234,14	236,43	238,72
189	228,46	230,77	233,08	235,38	237,67	239,99
190	229,67	231,99	234,31	236,63	238,94	241,26

Getreide

notirt pro Pud (40 russische Pfunde) in Kopeken,
umgerechnet pro 1000 Kilogramm in Mark.

Kopeken	Papier-Rubel notiren in Berlin					
	210	212	214	216	218	220
141	180,77	182,49	184,21	185,93	187,66	189,38
142	182,05	183,78	185,52	187,25	188,99	190,72
143	183,33	185,08	186,83	188,57	190,32	192,06
144	184,61	186,37	188,13	189,89	191,65	193,41
145	185,90	187,67	189,44	191,21	192,98	194,75
146	187,18	188,96	190,74	192,53	194,31	196,09
147	188,46	190,26	192,05	193,85	195,64	197,44
148	189,74	191,55	193,36	195,16	196,97	198,78
149	191,02	192,85	194,66	196,48	198,30	200,12
150	192,31	194,14	195,97	197,80	199,63	201,46
151	193,59	195,43	197,28	199,12	200,97	202,81
152	194,87	196,73	198,58	200,44	202,30	204,15
153	196,15	198,02	199,89	201,76	203,63	205,49
154	197,43	199,32	201,20	203,08	204,96	206,84
155	198,72	200,61	202,50	204,40	206,29	208,18
156	200,00	201,91	203,81	205,71	207,62	209,52
157	201,28	203,20	205,12	207,03	208,95	210,87
158	202,56	204,49	206,42	208,35	210,28	212,21
159	203,84	205,79	207,73	209,67	211,61	213,55
160	205,13	207,08	209,04	210,99	212,94	214,90
161	206,41	208,38	210,34	212,31	214,27	216,24
162	207,69	209,67	211,65	213,63	215,61	217,58
163	208,97	210,97	212,96	214,95	216,94	218,93
164	210,25	212,26	214,26	216,26	218,27	220,27
165	211,54	213,55	215,57	217,58	219,60	221,61
166	212,82	214,85	216,87	218,90	220,93	222,95
167	214,10	216,14	218,18	220,22	222,26	224,30
168	215,38	217,44	219,49	221,54	223,59	225,64
169	216,66	218,73	220,79	222,86	224,92	226,98
170	217,95	220,03	222,10	224,18	226,25	228,33
171	219,23	221,32	223,41	225,49	227,58	229,67
172	220,51	222,61	224,71	226,81	228,91	231,01
173	221,79	223,91	226,02	228,13	230,25	232,36
174	223,07	225,20	227,33	229,45	231,58	233,70
175	224,36	226,50	228,63	230,77	232,91	235,04
176	225,64	227,79	229,94	232,09	234,24	236,39
177	226,92	229,09	231,25	233,41	235,57	237,73
178	228,20	230,38	232,55	234,73	236,90	239,07
179	229,48	231,67	233,86	236,04	238,23	240,41
180	230,77	232,97	235,17	237,36	239,56	241,76
181	232,05	234,26	236,47	238,68	240,89	243,10
182	233,33	235,56	237,78	240,00	242,22	244,44
183	234,61	236,85	239,09	241,32	243,55	245,79
184	235,89	238,15	240,39	242,64	244,89	247,13
185	237,18	239,44	241,70	243,96	246,22	248,47
186	238,46	240,73	243,00	245,28	247,55	249,82
187	239,74	242,03	244,31	246,59	248,88	251,16
188	241,02	243,32	245,62	247,91	250,21	252,50
189	242,30	244,62	246,92	249,23	251,54	253,85
190	243,59	245,91	248,23	250,55	252,87	255,19

Getreide

notirt pro Pud (40 russische Pfunde) in Kopeken,
umgerechnet pro 1000 Kilogramm in Mark.

Kopeken	Papier-Rubel notiren in Berlin					
	222	224	226	228	230	232
141	191,10	192,82	194,54	196,26	197,99	199,71
142	192,45	194,19	195,92	197,66	199,39	201,12
143	193,81	195,56	197,30	199,05	200,79	202,54
144	195,16	196,92	198,68	200,44	202,20	203,96
145	196,52	198,29	200,06	201,83	203,60	205,37
146	197,88	199,66	201,44	203,22	205,01	206,79
147	199,23	201,03	202,82	204,61	206,41	208,21
148	200,59	202,39	204,20	206,01	207,81	209,62
149	201,94	203,76	205,58	207,40	209,22	211,04
150	203,30	205,13	206,96	208,79	210,62	212,45
151	204,65	206,50	208,34	210,18	212,03	213,87
152	206,01	207,86	209,72	211,57	213,43	215,29
153	207,36	209,23	211,10	212,97	214,84	216,70
154	208,72	210,60	212,48	214,36	216,24	218,12
155	210,07	211,97	213,86	215,75	217,64	219,54
156	211,43	213,33	215,24	217,14	219,05	220,95
157	212,78	214,70	216,62	218,53	220,45	222,37
158	214,14	216,07	218,00	219,93	221,86	223,78
159	215,49	217,44	219,38	221,32	223,26	225,20
160	216,85	218,80	220,76	222,71	224,66	226,62
161	218,20	220,17	222,14	224,10	226,07	228,03
162	219,56	221,54	223,52	225,49	227,47	229,45
163	220,92	222,91	224,90	226,89	228,88	230,87
164	222,27	224,27	226,27	228,28	230,28	232,28
165	223,63	225,64	227,65	229,67	231,68	233,70
166	224,98	227,01	229,03	231,06	233,09	235,12
167	226,34	228,38	230,41	232,45	234,49	236,53
168	227,69	229,74	231,79	233,84	235,90	237,95
169	229,05	231,11	233,17	235,24	237,30	239,36
170	230,40	232,48	234,55	236,63	238,71	240,78
171	231,76	233,85	235,93	238,02	240,11	242,20
172	233,11	235,21	237,31	239,41	241,51	243,61
173	234,47	236,58	238,69	240,80	242,92	245,03
174	235,82	237,95	240,07	242,20	244,32	246,45
175	237,18	239,32	241,45	243,59	245,72	247,86
176	238,53	240,68	242,83	244,98	247,13	249,28
177	239,89	242,05	244,21	246,37	248,53	250,70
178	241,24	243,42	245,59	247,76	249,94	252,11
179	242,60	244,79	246,97	249,16	251,34	253,53
180	243,96	246,15	248,35	250,55	252,75	254,94
181	245,31	247,52	249,73	251,94	254,15	256,36
182	246,67	248,89	251,11	253,33	255,56	257,78
183	248,02	250,26	252,49	254,72	256,96	259,19
184	249,38	251,62	253,87	256,12	258,36	260,61
185	250,73	252,99	255,25	257,51	259,77	262,03
186	252,09	254,36	256,63	258,90	261,17	263,44
187	253,44	255,73	258,01	260,29	262,58	264,86
188	254,80	257,09	259,39	261,68	263,98	266,28
189	256,15	258,46	260,77	263,07	265,38	267,69
190	257,51	259,83	262,15	264,47	266,79	269,11

Getreide

notirt pro 100 Kilogramm in Gulden österr., umgerechnet pro 1000 Kilogramm in Mark.

Gulden und Kreuzer.	Oesterreichische Banknoten notiren in Berlin					
	166,50	**167**,00	**167**,50	**168**,00	**168**,50	**169**,00
5,00	83,25	83,50	83,75	84,00	84,25	84,50
10	84,91	85,17	85,42	85,68	85,93	86,19
20	86,58	86,84	87,10	87,36	87,62	87,88
30	88,24	88,51	88,77	89,04	89,30	89,57
40	89,91	90,18	90,45	90,72	90,99	91,26
50	91,57	91,85	92,12	92,40	92,67	92,95
60	93,24	93,52	93,80	94,08	94,36	94,64
70	94,90	95,19	95,47	95,76	96,04	96,33
80	96,57	96,86	97,15	97,44	97,73	98,02
90	98,23	98,53	98,82	99,12	99,41	99,71
6,00	99,90	100,20	100,50	100,80	101,10	101,40
10	101,56	101,87	102,17	102,48	102,78	103,09
20	103,23	103,54	103,85	104,16	104,47	104,78
30	104,89	105,21	105,52	105,84	106,15	106,47
40	106,56	106,88	107,20	107,52	107,84	108,16
50	108,22	108,55	108,87	109,20	109,52	109,85
60	109,89	110,22	110,55	110,88	111,21	111,54
70	111,55	111,89	112,22	112,56	112,80	113,23
80	113,22	113,56	113,90	114,24	114,58	114,92
90	114,88	115,23	115,57	115,92	116,26	116,61
7,00	116,55	116,90	117,25	117,60	117,95	118,30
10	118,21	118,57	118,92	119,28	119,63	119,99
20	119,88	120,24	120,60	120,96	121,32	121,68
30	121,54	121,91	122,27	122,64	123,00	123,37
40	123,21	123,58	123,95	124,32	124,69	125,06
50	124,87	125,25	125,62	126,00	126,37	126,75
60	126,54	126,92	127,30	127,68	128,06	128,44
70	128,20	128,59	128,97	129,36	129,74	130,13
80	129,87	130,26	130,65	131,04	131,43	131,82
90	131,53	131,93	132,32	132,72	133,11	133,51
8,00	133,20	133,60	134,00	134,40	134,80	135,20
10	134,86	135,27	135,67	136,08	136,48	136,89
20	136,52	136,94	137,35	137,76	138,17	138,58
30	138,19	138,61	139,02	139,44	139,85	140,27
40	139,85	140,28	140,70	141,12	141,54	141,96
50	141,52	141,95	142,37	142,80	143,22	143,65
60	143,18	143,62	144,05	144,48	144,91	145,34
70	144,85	145,29	145,72	146,16	146,59	147,03
80	146,51	146,96	147,40	147,84	148,28	148,72
90	148,18	148,63	149,07	149,52	149,96	150,41
9,00	149,84	150,30	150,75	151,20	151,65	152,10
10	151,51	151,97	152,42	152,88	153,33	153,79
20	153,17	153,64	154,10	154,56	155,02	155,48
30	154,84	155,31	155,77	156,24	156,70	157,17
40	156,50	156,98	157,45	157,92	158,39	158,86
50	158,17	158,65	159,12	159,60	160,07	160,55
60	159,83	160,32	160,80	161,28	161,76	162,24
70	161,50	161,99	162,47	162,96	163,44	163,93
80	163,16	163,66	164,15	164,64	165,13	165,62
90	164,83	165,33	165,82	166,32	166,81	167,31

Getreide

notirt pro 100 Kilogramm in Gulden österr., umgerechnet pro 1000 Kilogramm in Mark.

Gulden und Kreuzer.	Oesterreichische Banknoten notiren in Berlin					
	166,50	**167**,00	**167**,50	**168**,00	**168**,50	**169**,00
10,00	166,50	167,00	167,50	168,00	168,50	169,00
10	168,16	168,67	169,17	169,68	170,18	170,69
20	169,82	170,34	170,85	171,36	171,87	172,38
30	171,49	172,01	172,52	173,04	173,55	174,07
40	173,15	173,68	174,20	174,72	175,24	175,76
50	174,82	175,35	175,87	176,40	176,92	177,45
60	176,48	177,02	177,55	178,08	178,61	179,14
70	178,15	178,69	179,22	179,76	180,20	180,83
80	179,81	180,36	180,90	181,44	181,98	182,52
90	181,48	182,03	182,57	183,12	183,66	184,21
11,00	183,14	183,70	184,25	184,80	185,35	185,90
10	184,81	185,37	185,92	186,48	187,03	187,59
20	186,47	187,04	187,60	188,16	188,72	189,28
30	188,14	188,71	189,27	189,84	190,40	190,97
40	189,80	190,38	190,95	191,52	192,09	192,66
50	191,47	192,05	192,62	193,20	193,77	194,35
60	193,13	193,72	194,30	194,88	195,46	196,04
70	194,80	195,39	195,97	196,56	197,14	197,73
80	196,46	197,06	197,65	198,24	198,83	199,42
90	198,13	198,73	199,32	199,92	200,51	201,11
12,00	199,79	200,40	201,00	201,60	202,20	202,80
10	201,46	202,07	202,67	203,28	203,88	204,49
20	203,12	203,74	204,35	204,96	205,57	206,18
30	204,79	205,41	206,02	206,64	207,25	207,87
40	206,45	207,08	207,70	208,32	208,94	209,56
50	208,12	208,75	209,37	210,00	210,62	211,25
60	209,78	210,42	211,05	211,68	212,31	212,94
70	211,45	212,09	212,72	213,36	213,99	214,63
80	213,11	213,76	214,40	215,04	215,68	216,32
90	214,78	215,43	216,07	216,72	217,36	218,01
13,00	216,44	217,10	217,75	218,40	219,05	219,70
10	218,11	218,77	219,42	220,08	220,73	221,39
20	219,77	220,44	221,10	221,76	222,42	223,08
30	221,44	222,11	222,77	223,44	224,10	224,77
40	223,10	223,78	224,45	225,12	225,79	226,46
50	224,77	225,45	226,12	226,80	227,47	228,15
60	226,43	227,12	227,80	228,48	229,16	229,84
70	228,10	228,79	229,47	230,16	230,84	231,53
80	229,76	230,46	231,15	231,84	232,53	233,22
90	231,43	232,13	232,82	233,52	234,21	234,91
14,00	233,09	233,80	234,50	235,20	235,90	236,60
10	234,76	235,47	236,17	236,88	237,58	238,29
20	236,42	237,14	237,85	238,56	239,27	239,98
30	238,09	238,81	239,52	240,24	240,95	241,67
40	239,75	240,48	241,20	241,92	242,64	243,36
50	241,42	242,15	242,87	243,60	244,32	245,05
60	243,08	243,82	244,55	245,28	246,01	246,74
70	244,75	245,49	246,22	246,96	248,69	248,43
80	246,41	247,16	247,90	248,64	249,38	250,12
90	248,08	248,83	249,57	250,32	251,06	251,81
15,00	249,74	250,50	251,25	252,00	252,75	253,50

Getreide

notirt pro 100 Kilogramm in Gulden österr.,
umgerechnet pro 1000 Kilogramm in Mark.

Gulden und Kreuzer.	Oesterreichische Banknoten notiren in Berlin					
	169,50	**170**,00	**170**,50	**171**,00	**171**,50	**172**,00
5,00	84,75	85,00	85,25	85,50	85,75	86,00
10	86,44	86,70	86,95	87,21	87,46	87,72
20	88,14	88,40	88,66	88,92	89,18	89,44
30	89,83	90,10	90,36	90,63	90,89	91,16
40	91,53	91,80	92,07	92,34	92,61	92,88
50	93,22	93,50	93,77	94,05	94,32	94,60
60	94,92	95,20	95,48	95,76	96,04	96,32
70	96,61	96,90	97,18	97,47	97,75	98,04
80	98,31	98,60	98,89	99,18	99,47	99,76
90	100,00	100,30	100,59	100,89	101,18	101,48
6,00	101,70	102,00	102,30	102,60	102,90	103,20
10	103,39	103,70	104,00	104,31	104,61	104,92
20	105,09	105,40	105,71	106,02	106,33	106,64
30	106,78	107,10	107,41	107,73	108,04	108,36
40	108,48	108,80	109,12	109,44	109,76	110,08
50	110,17	110,50	110,82	111,15	111,47	111,80
60	111,87	112,20	112,53	112,86	113,19	113,52
70	113,56	113,90	114,23	114,57	114,90	115,24
80	115,26	115,60	115,94	116,28	116,62	116,96
90	116,95	117,30	117,64	117,99	118,33	118,68
7,00	118,65	119,00	119,35	119,70	120,05	120,40
10	120,34	120,70	121,05	121,41	121,76	122,12
20	122,04	122,40	122,76	123,12	123,48	123,84
30	123,73	124,10	124,46	124,83	125,19	125,56
40	125,43	125,80	126,17	126,54	126,91	127,28
50	127,12	127,50	127,87	128,25	128,62	129,00
60	128,82	129,20	129,58	129,96	130,34	130,72
70	130,51	130,90	131,28	131,67	132,05	132,44
80	132,21	132,60	132,99	133,38	133,77	134,16
90	133,90	134,30	134,69	135,09	135,48	135,88
8,00	135,60	136,00	136,40	136,80	137,20	137,60
10	137,29	137,70	138,10	138,51	138,91	139,32
20	138,99	139,40	139,81	140,22	140,63	141,04
30	140,68	141,10	141,51	141,93	142,34	142,76
40	142,38	142,80	143,22	143,64	144,06	144,48
50	144,07	144,50	144,92	145,35	145,77	146,20
60	145,77	146,20	146,63	147,06	147,49	147,92
70	147,46	147,90	148,33	148,77	149,20	149,64
80	149,16	149,60	150,04	150,48	150,92	151,36
90	150,85	151,30	151,74	152,19	152,63	153,08
9,00	152,55	153,00	153,45	153,90	154,35	154,80
10	154,24	154,70	155,15	155,61	156,06	156,52
20	155,94	156,40	156,86	157,32	157,78	158,24
30	157,63	158,10	158,56	159,03	159,49	159,96
40	159,33	159,80	160,27	160,74	161,21	161,68
50	161,02	161,50	161,97	162,45	162,92	163,40
60	162,72	163,20	163,68	164,16	164,64	165,12
70	164,41	164,90	165,38	165,87	166,35	166,84
80	166,11	166,60	167,09	167,58	168,07	168,56
90	167,80	168,30	168,79	169,29	169,78	170,28

Getreide

notirt pro 100 Kilogramm in Gulden österr., umgerechnet pro 1000 Kilogramm in Mark.

Gulden und Kreuzer.	Oesterreichische Banknoten notiren in Berlin					
	169,50	**170**,00	**170**,50	**171**,00	**171**,50	**172**,00
10,00	169,50	170,00	170,50	171,00	171,50	172,00
10	171,19	171,70	172,20	172,71	173,21	173,72
20	172,89	173,40	173,91	174,42	174,93	175,44
30	174,58	175,10	175,61	176,13	176,64	177,16
40	176,28	176,80	177,32	177,84	178,36	178,88
50	177,97	178,50	179,02	179,55	180,07	180,60
60	179,67	180,20	180,73	181,26	181,79	182,32
70	181,36	181,90	182,43	182,97	183,50	184,04
80	183,06	183,60	184,14	184,68	185,22	185,76
90	184,75	185,30	185,84	186,39	186,93	187,48
11,00	186,45	187,00	187,55	188,10	188,65	189,20
10	188,14	188,70	189,25	189,81	190,36	190,92
20	189,84	190,40	190,96	191,52	192,08	192,64
30	191,53	192,10	192,66	193,23	193,79	194,36
40	193,23	193,80	194,37	194,94	195,51	196,08
50	194,92	195,50	196,07	196,65	197,22	197,80
60	196,62	197,20	197,78	198,36	198,94	199,52
70	198,31	198,90	199,48	200,07	200,65	201,24
80	200,01	200,60	201,19	201,78	202,37	202,96
90	201,70	202,30	202,89	203,49	204,08	204,68
12,00	203,40	204,00	204,60	205,20	205,80	206,40
10	205,09	205,70	206,30	206,91	207,51	208,12
20	206,79	207,40	208,01	208,62	209,23	209,84
30	208,48	209,10	209,71	210,33	210,94	211,56
40	210,18	210,80	211,42	212,04	212,66	213,28
50	211,87	212,50	213,12	213,75	214,37	215,00
60	213,57	214,20	214,83	215,46	216,09	216,72
70	215,26	215,90	216,53	217,17	217,80	218,44
80	216,96	217,60	218,24	218,88	219,52	220,16
90	218,65	219,30	219,94	220,59	221,23	221,88
13,00	220,35	221,00	221,65	222,30	222,95	223,60
10	222,04	222,70	223,35	224,01	224,66	225,32
20	223,74	224,40	225,06	225,72	226,38	227,04
30	225,43	226,10	226,76	227,43	228,09	228,76
40	227,13	227,80	228,47	229,14	229,81	230,48
50	228,82	229,50	230,17	230,85	231,52	232,20
60	230,52	231,20	231,88	232,56	233,24	233,92
70	232,21	232,90	233,58	234,27	234,95	235,64
80	233,91	234,60	235,29	235,98	236,67	237,36
90	235,60	236,30	236,99	237,69	238,38	239,08
14,00	237,30	238,00	238,70	239,40	240,10	240,80
10	238,99	239,70	240,40	241,11	241,81	242,52
20	240,69	241,40	242,11	242,82	243,53	244,24
30	242,38	243,10	243,81	244,53	245,24	245,96
40	244,08	244,80	245,52	246,24	246,96	247,68
50	245,77	246,50	247,22	247,95	248,67	249,40
60	247,47	248,20	248,93	249,66	250,39	251,12
70	249,16	249,90	250,63	251,37	252,10	252,84
80	250,86	251,60	252,34	253,08	253,82	254,56
90	252,55	253,30	254,04	254,79	255,53	256,28
15,00	254,25	255,00	255,75	256,50	257,25	258,00

Getreide

notirt pro 100 Kilogramm in Gulden österr., umgerechnet pro 1000 Kilogramm in Mark.

Gulden und Kreuzer.	Oesterreichische Banknoten notiren in Berlin					
	172,50	**173**,00	**173**,50	**174**,00	**174**,50	**175**,00
5,00	86,25	86,50	86,75	87,00	87,25	87,50
10	87,97	88,23	88,48	88,74	88,99	89,25
20	89,70	89,96	90,22	90,48	90,74	91,00
30	91,42	91,69	91,95	92,22	92,48	92,75
40	93,15	93,42	93,69	93,96	94,23	94,50
50	94,87	95,15	95,42	95,70	95,97	96,25
60	96,60	96,88	97,16	97,44	97,72	98,00
70	98,32	98,61	98,89	99,18	99,46	99,75
80	100,05	100,34	100,63	100,92	101,21	101,50
90	101,77	102,07	102,36	102,66	102,95	103,25
6,00	103,50	103,80	104,09	104,40	104,70	105,00
10	105,22	105,53	105,83	106,14	106,44	106,75
20	106,95	107,26	107,56	107,88	108,19	108,50
30	108,67	108,99	109,30	109,62	109,93	110,25
40	110,40	110,72	111,03	111,36	111,68	112,00
50	112,12	112,45	112,77	113,10	113,42	113,75
60	113,85	114,18	114,50	114,84	115,17	115,50
70	115,57	115,91	116,24	116,58	116,91	117,25
80	117,30	117,64	117,98	118,32	118,66	119,00
90	119,02	119,37	119,71	120,06	120,40	120,75
7,00	120,75	121,10	121,45	121,80	122,15	122,50
10	122,47	122,83	123,18	123,54	123,89	124,25
20	124,20	124,56	124,92	125,28	125,64	126,00
30	125,92	126,29	126,65	127,02	127,38	127,75
40	127,65	128,02	128,39	128,76	129,13	129,50
50	129,37	129,75	130,12	130,50	130,87	131,25
60	131,10	131,48	131,86	132,24	132,62	133,00
70	132,82	133,21	133,59	133,98	134,36	134,75
80	134,55	134,94	135,33	135,72	136,11	136,50
90	136,27	136,67	137,06	137,46	137,85	138,25
8,00	138,00	138,40	138,80	139,20	139,60	140,00
10	139,72	140,13	140,53	140,94	141,34	141,75
20	141,45	141,86	142,27	142,68	143,09	143,50
30	143,17	143,59	144,00	144,42	144,83	145,25
40	144,90	145,32	145,74	146,16	146,58	147,00
50	146,62	147,05	147,47	147,90	148,32	148,75
60	148,35	148,78	149,21	149,64	150,07	150,50
70	150,07	150,51	150,94	151,38	151,81	152,25
80	151,80	152,24	152,68	153,12	153,56	154,00
90	153,52	153,97	154,41	154,86	155,30	155,75
9,00	155,25	155,70	156,15	156,60	157,05	157,50
10	156,97	157,43	157,88	158,34	158,79	159,25
20	158,70	159,16	159,62	160,06	160,54	161,00
30	160,42	160,89	161,35	161,82	162,28	162,75
40	162,15	162,62	163,09	163,56	164,03	164,50
50	163,87	164,35	164,82	165,30	165,77	166,25
60	165,60	166,08	166,56	167,04	167,52	168,00
70	167,32	167,81	168,29	168,78	169,26	169,75
80	169,05	169,54	170,03	170,52	171,01	171,50
90	170,77	171,27	171,76	172,26	172,75	173,25

Getreide

notirt pro 100 Kilogramm in Gulden österr., umgerechnet pro 1000 Kilogramm in Mark.

Gulden und Kreuzer.	Oesterreichische Banknoten notiren in Berlin					
	172,50	**173**,00	**173**,50	**174**,00	**174**,50	**175**,00
10,00	172,50	173,00	173,50	174,00	174,50	175,00
10	174,22	174,73	175,23	175,74	176,24	176,75
20	175,95	176,46	176,97	177,48	177,99	178,50
30	177,67	178,19	178,70	179,22	179,73	180,25
40	179,40	179,92	180,44	180,96	181,48	182,00
50	181,12	181,65	182,17	182,70	183,22	183,75
60	182,85	183,38	183,91	184,44	184,97	185,50
70	184,57	185,11	185,64	186,18	186,71	187,25
80	186,30	186,84	187,38	187,92	188,46	189,00
90	188,02	188,57	189,11	189,66	190,20	190,75
11,00	189,75	190,30	190,85	191,40	191,95	192,50
10	191,47	192,03	192,58	193,14	193,69	194,25
20	193,20	193,76	194,32	194,88	195,44	196,00
30	194,92	195,49	196,05	196,62	197,18	197,75
40	196,65	197,22	197,79	198,36	198,93	199,50
50	198,37	198,95	199,52	200,10	200,67	201,25
60	200,10	200,68	201,26	201,84	202,42	203,00
70	201,82	202,41	202,99	203,58	204,16	204,75
80	203,55	204,14	204,73	205,32	205,91	206,50
90	205,27	205,87	206,46	207,06	207,65	208,25
12,00	207,00	207,60	208,20	208,80	209,40	210,00
10	208,72	209,33	209,93	210,54	211,14	211,75
20	210,45	211,06	211,67	212,28	212,89	213,50
30	212,17	212,79	213,40	214,02	214,63	215,25
40	213,90	214,52	215,14	215,76	216,38	217,00
50	215,62	216,25	216,87	217,50	218,12	218,75
60	217,35	217,98	218,61	219,24	219,87	220,50
70	219,07	219,71	220,34	220,98	221,61	222,25
80	220,80	221,44	222,08	222,72	223,36	224,00
90	222,52	223,17	223,81	224,46	225,10	225,75
13,00	224,25	224,90	225,55	226,20	226,85	227,50
10	225,97	226,63	227,28	227,94	228,59	229,25
20	227,70	228,36	229,02	229,68	230,34	231,00
30	229,42	230,09	230,75	231,42	232,08	232,75
40	231,15	231,82	232,49	233,16	233,83	234,50
50	232,87	233,55	234,22	234,90	235,57	236,25
60	234,60	235,28	235,96	236,64	237,32	238,00
70	236,32	237,01	237,69	238,38	239,06	239,75
80	238,05	238,74	239,43	240,12	240,81	241,50
90	239,77	240,47	241,16	241,86	242,55	243,25
14,00	241,50	242,20	242,90	243,60	244,30	245,00
10	243,22	243,93	244,63	245,34	246,04	246,75
20	244,95	245,66	246,37	247,08	247,79	248,50
30	246,67	247,39	248,10	248,82	249,53	250,25
40	248,40	249,12	249,84	250,56	251,28	252,00
50	250,12	250,85	251,57	252,30	253,02	253,75
60	251,85	252,58	253,31	254,04	254,77	255,50
70	253,57	254,31	255,08	255,78	256,51	257,25
80	255,30	256,04	256,78	257,52	258,26	259,00
90	257,02	257,77	258,51	259,26	260,00	260,75
15,00	258,75	259,50	260,25	261,00	261,75	262,50

Getreide

notirt pro 100 Kilogramm in Gulden österr., umgerechnet pro 1000 Kilogramm in Mark.

Gulden und Kreuzer.	Oesterreichische Banknoten notiren in Berlin					
	175,50	**176**,00	**176**,50	**177**,00	**177**,50	**178**,00
5,00	87,75	88,00	88,25	88,50	88,75	89,00
10	89,50	89,76	90,01	90,27	90,52	90,78
20	91,26	91,52	91,78	92,04	92,30	92,56
30	93,01	93,28	93,54	93,81	94,07	94,34
40	94,77	95,04	95,31	95,58	95,85	96,12
50	96,52	96,80	97,07	97,35	97,62	97,90
60	98,28	98,56	98,84	99,12	99,40	99,68
70	100,03	100,32	100,60	100,89	101,17	101,46
80	101,79	102,08	102,37	102,66	102,95	103,24
90	103,54	103,84	104,13	104,43	104,72	105,02
6,00	105,30	105,60	105,90	106,20	106,50	106,80
10	107,05	107,36	107,66	107,97	108,27	108,56
20	108,81	109,12	109,43	109,74	110,05	110,36
30	110,56	110,88	111,19	111,51	111,82	112,14
40	112,32	112,64	112,96	113,28	113,60	113,92
50	114,07	114,40	114,72	115,05	115,37	115,70
60	115,83	116,16	116,49	116,82	117,15	117,48
70	117,58	117,92	118,25	118,59	118,92	119,26
80	119,34	119,68	120,02	120,36	120,70	121,04
90	121,09	121,44	121,78	122,13	122,47	122,82
7,00	122,85	123,20	123,55	123,90	124,25	124,60
10	124,60	124,96	125,31	125,67	126,02	126,38
20	126,36	126,72	127,08	127,44	127,80	128,16
30	128,11	128,48	128,84	129,21	129,57	129,94
40	129,87	130,24	130,61	130,98	131,35	131,72
50	131,62	132,00	132,37	132,75	133,12	133,50
60	133,38	133,76	134,14	134,52	134,90	135,28
70	135,13	135,52	135,90	136,29	136,67	137,06
80	136,89	137,28	137,67	138,06	138,45	138,84
90	138,64	139,04	139,43	139,83	140,22	140,62
8,00	140,40	140,80	141,20	141,60	142,00	142,40
10	142,12	142,56	142,96	143,37	143,77	144,18
20	143,91	144,32	144,73	145,14	145,55	145,96
30	145,66	146,08	146,49	146,91	147,32	147,74
40	147,42	147,84	148,25	148,68	149,10	149,52
50	149,17	149,60	150,02	150,45	150,87	151,30
60	150,93	151,36	151,79	152,22	152,65	153,08
70	152,68	153,12	153,55	153,99	154,42	154,86
80	154,44	154,88	155,32	155,76	156,20	156,64
90	156,19	156,64	157,08	157,53	157,97	158,42
9,00	157,95	158,40	158,85	159,30	159,75	160,20
10	159,70	160,16	160,61	161,07	161,52	161,98
20	161,46	161,92	162,38	162,84	163,30	163,76
30	163,21	163,68	164,14	164,61	165,07	165,54
40	164,97	165,44	165,91	166,38	166,85	167,32
50	166,72	167,20	167,67	168,15	168,62	169,10
60	168,48	168,96	169,44	169,92	170,40	170,88
70	170,23	170,72	171,20	171,69	172,17	172,66
80	171,99	172,48	172,97	173,46	173,95	174,44
90	173,74	174,24	174,73	175,23	175,72	176,22

Getreide

notirt pro 100 Kilogramm in Gulden österr.,
umgerechnet pro 1000 Kilogramm in Mark.

Gulden und Kreuzer.	Oesterreichische Banknoten notiren in Berlin.					
	175,50	**176**,00	**176**,50	**177**,00	**177**,50	**178**,00
10,00	175,00	176,00	176,50	177,00	177,50	178,00
10	177,25	177,76	178,26	178,77	179,27	179,78
20	179,01	179,52	180,03	180,54	181,05	181,56
30	180,76	181,28	181,79	182,30	182,82	183,34
40	182,52	183,04	183,56	184,08	184,60	185,12
50	184,27	184,80	185,32	185,85	186,37	186,90
60	186,03	186,56	187,09	187,62	188,15	188,68
70	187,78	188,32	188,85	189,39	189,92	190,46
80	189,54	190,08	190,62	191,16	191,70	192,24
90	191,29	191,84	192,38	192,93	193,47	194,02
11,00	193,05	193,60	194,15	194,70	195,25	195,80
10	194,80	195,36	195,91	196,47	197,02	197,58
20	196,56	197,02	197,68	198,24	198,80	199,36
30	198,31	198,88	199,44	200,01	200,57	201,14
40	200,07	200,64	201,21	201,78	202,35	202,92
50	201,82	202,40	202,97	203,55	204,12	204,70
60	203,58	204,16	204,74	205,32	205,90	206,48
70	205,33	205,92	206,50	207,09	207,67	208,26
80	207,09	207,68	208,27	208,86	209,45	210,04
90	208,84	209,44	210,03	210,63	211,22	211,82
12,00	210,60	211,20	211,80	212,40	213,00	213,60
10	212,35	212,96	213,56	214,17	214,77	215,38
20	214,11	214,72	215,33	215,94	216,55	217,16
30	215,86	216,48	217,09	217,71	218,32	218,94
40	217,62	218,24	218,86	219,48	220,10	220,72
50	219,37	220,00	220,62	221,25	221,87	222,50
60	221,13	221,76	222,39	223,02	223,65	224,28
70	222,88	223,52	224,15	224,79	225,42	226,06
80	224,64	225,28	225,92	226,56	227,20	227,84
90	226,39	227,04	227,68	228,33	228,97	229,62
13,00	228,15	228,80	229,45	230,10	230,75	231,40
10	229,90	230,56	231,21	231,87	232,52	233,18
20	231,66	232,32	232,98	233,64	234,30	234,96
30	233,41	234,08	234,74	235,41	236,07	236,74
40	235,17	235,84	236,51	237,18	237,85	238,52
50	236,92	237,60	238,27	238,95	239,62	240,30
60	238,68	239,36	240,04	240,72	241,40	242,08
70	240,43	241,12	241,80	242,49	243,17	243,86
80	242,19	242,88	243,57	244,26	244,95	245,64
90	243,94	244,64	245,33	246,03	246,72	247,42
14,00	245,70	246,40	247,10	247,80	248,50	249,20
10	247,45	248,16	248,86	249,57	250,27	250,98
20	249,21	249,92	250,63	251,34	252,05	252,76
30	250,96	251,68	252,39	253,11	253,82	254,54
40	252,72	253,44	254,16	254,88	255,60	256,32
50	254,47	255,20	255,92	256,65	257,37	258,10
60	256,23	256,96	257,69	258,42	259,15	259,88
70	257,98	258,72	259,45	260,19	260,92	261,66
80	259,74	260,48	261,22	261,96	262,70	263,44
90	261,49	262,24	262,98	263,73	264,47	265,22
15,00	263,25	264,00	264,75	265,50	266,25	267,00

Weizen.[1])

notirt pro walachischer Kila in Lei noi (Francs), umgerechnet pro 1000 Kilogramm in Mark.

Lei noi.	20 Francs-Stücke notiren in Berlin							
	16,05	**16**,10	**16**,15	**16**,20	**16**,25	**16**,30	**16**,35	**16**,40
52	80,2	80,5	80,7	81,0	81,2	81,5	81,7	82,0
54	83,3	83,6	83,9	84,1	84,4	84,6	84,9	85,2
56	86,4	86,7	87,0	87,2	87,5	87,8	88,0	88,3
58	89,5	89,8	90,1	90,3	90,6	90,9	91,2	91,5
60	92,6	92,9	93,2	93,5	93,7	94,0	94,3	94,6
62	95,7	96,0	96,3	96,6	96,9	97,2	97,5	97,8
64	98,8	99,1	99,4	99,7	100,0	100,3	100,6	100,9
66	101,9	102,2	102,5	102,8	103,1	103,4	103,8	104,1
68	104,9	105,3	105,6	105,9	106,2	106,6	106,9	107,2
70	108,0	108,4	108,7	109,0	109,4	109,7	110,0	110,4
72	111,1	111,5	111 8	112,1	112,5	112,8	113,2	113,5
74	114,2	114,6	114,9	115,3	115,6	116,0	116,3	116,7
76	117,3	117,6	118,0	118,4	118,7	119,1	119,5	119,8
78	120,4	120,7	121,1	121,5	121,9	122,2	122,6	123,0
80	123,5	123,8	124,2	124,6	125,0	125,4	125,8	126,1
82	126,5	126,9	127,3	127,7	128,1	128,5	128,9	129,3
84	129,6	130,0	130,4	130,8	131,2	131,6	132,1	132,5
86	132,7	133,1	133,5	134,0	134,4	134,8	135,2	135,6
88	135,8	136,2	136,6	137,1	137,5	137,9	138,3	138,8
90	138,9	139,3	139,8	140,2	140,6	141,1	141,5	141,9
92	142,0	142,4	142,9	143,3	143,7	144,2	144,6	145,1
94	145,1	145,5	146,0	146,4	146,9	147,3	147,8	148,2
96	148,2	148,6	149,1	149,5	150,0	150,5	150,9	151,4
98	151,2	151,7	152,2	152,6	153,1	153,6	154,1	154,5
100	154,3	154,8	155,3	155,8	156,3	156,7	157,2	157,7
102	157,4	157,9	158,4	158,9	159,4	159,9	160,4	160,8
104	160,5	161,0	161,5	162,0	162,5	163,0	163,5	164,0
106	163,6	164,1	164,6	165,1	165,6	166,1	166,6	167,2
108	166,7	167,2	167,7	168,2	168,8	169,3	169,8	170,3
110	169,8	170,3	170,8	171,3	171,9	172,4	172,9	173,5
112	172,8	173,4	173,9	174,5	175,0	175,5	176,1	176,6
114	175,9	176,5	177,0	177,6	178,1	178,7	179,2	179,8
116	179,0	179,6	180,1	180,7	181,3	181,8	182,4	182,9
118	182,1	182,7	183,2	183,8	184,4	184,9	185,5	186,1
120	185,2	185,8	186,3	186,9	187,5	188,1	188,7	189,2
122	188,3	188,9	189,5	190,0	190,6	191,2	191,8	192,4
124	191,4	192,0	192,6	193,2	193,8	194,3	194,9	195,5
126	194,5	195,1	195,7	196,3	196,9	197,5	198,1	198,7
128	197,5	198,2	198,8	199,4	200,0	200,6	201,2	201,8
130	200,6	201,3	201,9	202,5	203,1	203,7	204,4	205,0
132	203,7	204,3	205,0	205,6	206,3	206,9	207,5	208,2
134	206,8	207,4	208,1	208,7	209,4	210,0	210,7	211,3
136	209,9	210,5	211,2	211,8	212,5	213,2	213,8	214,5
138	213,0	213,6	214,3	215,0	215,6	216,3	217,0	217,6
140	216,1	216,7	217,4	218,1	218,8	219,4	220,1	220,8
142	219,1	219,8	220,5	221,2	221,9	222,6	223,2	223,9
144	222,2	222,9	223,6	224,3	225,0	225,7	226,4	227,1
146	225,3	226,0	226,7	227,4	228,1	228,8	229,5	230,2
148	228,4	229,1	229,8	230,5	231,3	232,0	232,7	233,4
150	231,5	232,2	232,9	233,7	234,4	235,1	235,8	236,5
Diff. 1	1,5	1,5	1,5	1,5	1,6	1,6	1,6	1,6

[1]) Eine Kila Weizen wurde 520 Kilogramm schwer vorausgesetzt.

Getreide

notirt pro 100 Oka in Lei noi (Francs).
umgerechnet pro 1000 Kilogramm in Mark.

Lei noi.	20 Francs-Stücke notiren in Berlin							
	16,05	16,10	16,15	16,20	16,25	16,30	16,35	16,40
16	100,2	100,5	100,8	101,1	101,4	101,7	102,0	102,3
1/2	103,3	103,6	103,9	104,2	104,6	104,9	105,2	105,5
17	106,4	106,7	107,1	107,4	107,7	108,1	108,4	108,7
1/2	109,5	109,9	110,2	110,6	110,9	111,2	111,6	111,9
18	112,7	113,0	113,4	113,7	114,1	114,4	114,8	115,1
1/2	115,8	116,2	116,5	116,9	117,2	117,6	118,0	118,3
19	118,9	119,3	119,7	120,0	120,4	120,8	121,2	121,5
1/2	122,1	122,4	122,8	123,2	123,6	124,0	124,3	124,7
20	125 2	125,6	126,0	126,4	126,8	127,1	127,5	127,9
1/2	128,3	128,7	129,1	129,5	129 9	130,3	130,7	131,1
21	131,4	131,9	132,3	132,7	133,1	133,5	133,9	134,3
1/2	134,6	135,0	135,4	135,8	136,3	136,7	137,1	137,5
22	137,7	138,1	138,6	139,0	139,4	139,9	140,3	140,7
1/2	140,8	141,3	141,7	142,2	142,6	143,0	143,4	143,9
23	144,0	144,4	144,9	145,3	145,8	146,2	146,7	147,1
1/2	147,1	147,6	148,0	148,5	148,9	149,4	149,8	150,3
24	150,2	150,7	151,2	151,6	152,1	152,6	153,0	153,5
1/2	153,4	153,8	154,3	154,8	155,3	155,7	156,2	156,7
25	156,5	157,0	157,5	158,0	158,4	158,9	159,4	159,9
1/2	159,6	160,1	160,6	161,1	161,6	162,1	162,6	163,1
26	162,7	163,3	163,8	164,3	164,8	165,3	165,8	166,3
1/2	165,9	166,4	166,9	167,4	167,9	168,5	169,0	169,5
27	169,0	169,5	170,1	170,6	171,1	171,6	172,2	172,7
1/2	172,1	172,7	173,2	173,7	174,3	174,8	175,4	175,9
28	175,3	175,8	176,4	176,9	177,5	178,0	178,5	179,1
1/2	178,4	179,0	179,5	180,1	180,6	181,2	181,7	182,3
29	181,5	182,1	182,7	183,2	183,8	184,4	184,9	185,5
1/2	184,7	185,2	185,8	186,4	187,0	187,5	188,1	188,7
30	187,8	188,4	189,0	189,5	190,1	190,7	191,3	191,9
1/2	190,9	191,5	192,1	192,7	193,3	193,9	194,5	195,1
31	194,0	194,6	195,3	195,9	196,5	197,1	197,7	198,3
1/2	197,2	197,8	198,4	199,0	199,6	200,2	200,9	201,5
32	200,3	200,9	201,6	202,2	202,8	203,4	204,0	204,7
1/2	203,4	204,1	204,7	205,3	206,0	206,6	207,2	207,9
33	206,6	207,2	207,8	208,5	209,1	209,8	210,4	211,1
1/2	209,7	210,3	211,0	211,6	212,3	213,0	213,6	214,3
34	212,8	213,5	214,1	214,8	215,5	216,1	216,8	217,5
1/2	216,0	216,6	217,3	218,0	218,6	219,3	220,0	220,7
35	219,1	219,8	220,4	221,1	221,8	222,5	223,2	223,8
1/2	222,2	222,9	223,6	224,3	225,0	225,7	226,4	227,0
36	225,3	226,0	226,7	227,4	228,2	228,8	229,6	230,2
1/2	228,5	229,2	229,9	230,6	231,3	232,0	232,7	233,4
37	231,6	232,3	233,0	233,8	234,5	235,2	235,9	236,6
1/2	234,7	235,5	236,2	236 9	237,7	238,4	239,1	239,8
38	237,9	238,6	239,3	240,1	240,8	241,6	242,3	243,0
1/2	241,0	241,7	242,5	243,2	244,0	244,7	245,5	246,2
39	244,1	244,9	245,6	246,4	247,2	247,9	248,7	249,4
1/2	247,3	248,0	248,8	249,6	250,3	251,1	251,9	252,6
40	250,4	251,2	251,9	252,7	253,5	254,3	255,1	255,8
1/2	253,5	254,3	255,1	255,9	256,7	257,5	258,2	259,0
41	256,6	257,4	258,2	259,0	259,8	260,6	261,4	262,2

Getreide

notirt pro 100 Kilogramm in Francs,
umgerechnet pro 1000 Kilogramm in Mark.

Francs und Centimes	Paris notirt in Berlin à vista							
	80,20	80,40	80,60	80,80	81,00	81,20	81,40	81,60
15,00	120,3	120,6	120,9	121,2	121,5	121,8	122,1	122,4
25	122,3	122,6	122,9	123,2	123,5	123,8	124,1	124,4
50	124,3	124,6	124,9	125,2	125,5	125,9	126,2	126,5
75	126,3	126,6	126,9	127,3	127,6	127,9	128,2	128,5
16,00	128,3	128,6	129,0	129,3	129,6	129,9	130,2	130,6
25	130,3	130,6	131,0	131,3	131,6	131,9	132,3	132,6
50	132,3	132,7	133,0	133,3	133,6	134,0	134,3	134,6
75	134,3	134,7	135,0	135,3	135,7	136,0	136,3	136,7
17,00	136,3	136,7	137,0	137,4	137,7	138,0	138,4	138,7
25	138,3	138,7	139,0	139,4	139,7	140,1	140,4	140,8
50	140,3	140,7	141,0	141,4	141,7	142,1	142,4	142,8
75	142,3	142,7	143,1	143,4	143,8	144,1	144,5	144,8
18,00	144,4	144,7	145,1	145,4	145,8	146,2	146,5	146,9
25	146,4	146,7	147,1	147,5	147,8	148,2	148,5	148,9
50	148,4	148,7	149,1	149,5	149,8	150,2	150,6	151,0
75	150,4	150,7	151,1	151,5	151,9	152,2	152,6	153,0
19,00	152,4	152,8	153,1	153,5	153,9	154,3	154,7	155,0
25	154,4	154,8	155,1	155,5	155,9	156,3	156,7	157,1
50	156,4	156,8	157,2	157,6	157,9	158,3	158,7	159,1
75	158,4	158,8	159,2	159,6	160,0	160,4	160,8	161,2
20,00	160,4	160,8	161,2	161,6	162,0	162,4	162,8	163,2
25	162,4	162,8	163,2	163,6	164,0	164,4	164,8	165,2
50	164,4	164,8	165,2	165,6	166,0	166,5	166,9	167,3
75	166,4	166,8	167,2	167,7	168,1	168,5	168,9	169,3
21,00	168,4	168,8	169,3	169,7	170,1	170,5	170,9	171,4
25	170,4	170,8	171,3	171,7	172,1	172,5	173,0	173,4
50	172,4	172,9	173,3	173,7	174,1	174,6	175,0	175,4
75	174,4	174,9	175,3	175,7	176,2	176,6	177,0	177,5
22,00	176,4	176,9	177,3	177,8	178,2	178,6	179,1	179,5
25	178,4	178,9	179,3	179,8	180,2	180,7	181,1	181,6
50	180,4	180,9	181,3	181,8	182,2	182,7	183,1	183,6
75	182,4	182,9	183,4	183,8	184,3	184,7	185,2	185,6
23,00	184,5	184,9	185,4	185,8	186,3	186,8	187,2	187,7
25	186,5	186,9	187,4	187,9	188,3	188,8	189,2	189,7
50	188,5	188,9	189,4	189,9	190,3	190,8	191,3	191,8
75	190,5	190,9	191,4	191,9	192,4	192,8	193,3	193,8
24,00	192,5	193,0	193,4	193,9	194,4	194,9	195,4	195,8
25	194,5	195,0	195,4	195,9	196,4	196,9	197,4	197,9
50	196,5	197,0	197,5	198,0	198,4	198,9	199,4	199,9
75	198,5	199,0	199,5	200,0	200,5	201,0	201,5	202,0
25,00	200,5	201,0	201,5	202,0	202,5	203,0	203,5	204,0
25	202,5	203,0	203,5	204,0	204,5	205,0	205,5	206,0
50	204,5	205,0	205,5	206,0	206,5	207,1	207,6	208,1
75	206,5	207,0	207,5	208,1	208,6	209,1	209,6	210,1
26,00	208,5	209,0	209,6	210,1	210,6	211,1	211,6	212,2
25	210,5	211,0	211,6	212,1	212,6	213,1	213,7	214,2
50	212,5	213,1	213,6	214,1	214,6	215,2	215,7	216,2
75	214,5	215,1	215,6	216,1	216,7	217,2	217,7	218,3
27,00	216,5	217,1	217,6	218,2	218,7	219,2	219,8	220,3
25	218,5	219,1	219,6	220,2	220,7	221,3	221,8	222,4

Getreide

notirt pro 100 Kilogramm in Francs,
umgerechnet pro 1000 Kilogramm in Mark.

Francs und Centimes	Paris notirt in Berlin à vista.							
	80,20	80,40	80,60	80,80	81,00	81,20	81,40	81,60
27,50	220,5	221,1	221,6	222,2	222,8	223,3	223,8	224,4
75	222,6	223,1	223,7	224,2	224,8	225,3	225,9	226,4
28,00	224,6	225,1	225,7	226,2	226,8	227,4	227,9	228,5
25	226,6	227,1	227,7	228,3	228,8	229,4	229,9	230,5
50	228,6	229,1	229,7	230,3	230,8	231,4	232,0	232,6
75	230,6	231,1	231,7	232,3	232,9	233,4	234,0	234,6
29,00	232,6	233,2	233,7	234,3	234,9	235,5	236,1	236,6
25	234,6	235,2	235,7	236,3	236,9	237,5	238,1	238,7
50	236,6	237,2	237,8	238,4	238,9	239,5	240,1	240,7
75	238,6	239,2	239,8	240,4	241,0	241,6	242,2	242,8
30,00	240,6	241,2	241,8	242,4	243,0	243,6	244,2	244,8
25	242,6	243,2	243,8	244,4	245,0	245,6	246,2	246,8
50	244,6	245,2	245,8	246,4	247,0	247,7	248,3	248,9
75	246,6	247,2	247,8	248,5	249,1	249,7	250,3	250,9
31,00	248,6	249,2	249,9	250,5	251,1	251,7	252,3	253,0
25	250,6	251,2	251,9	252,5	253,1	253,7	254,4	255,0
50	252,6	253,3	253,9	254,5	255,1	255,8	256,4	257,0
75	254,6	255,3	255,9	256,5	257,2	257,8	258,4	259,1
32,00	256,6	257,3	257,9	258,6	259,2	259,8	260,5	261,1
25	258,6	259,3	259,9	260,6	261,2	261,9	262,5	263,2
50	260,6	261,3	261,9	262,6	263,2	263,9	264,6	265,2
75	262,6	263,3	264,0	264,6	265,3	265,9	266,6	267,2
33,00	264,7	265,3	266,0	266,6	267,3	268,0	268,6	269,3
25	266,7	267,3	268,0	268,7	269,3	270,0	270,7	271,3
50	268,7	269,3	270,0	270,7	271,3	272,0	272,7	273,4
75	270,7	271,3	272,0	272,7	273,4	274,0	274,7	275,4
34,00	272,7	273,4	274,0	274,7	275,4	276,1	276,8	277,4
25	274,7	275,4	276,0	276,7	277,4	278,1	278,8	279,5
50	276,7	277,4	278,1	278,8	279,4	280,1	280,8	281,5
75	278,7	279,4	380,1	280,8	281,5	282,2	282,9	283,6
35,00	280,7	281,4	282,1	282,8	283,5	284,2	284,9	285,6
25	282,7	283,4	284,1	284,8	285,5	286,2	286,9	287,6
50	284,7	285,4	286,1	286,8	287,5	288,3	289,0	289,7
75	286,7	287,4	288,1	288,9	289,6	290,3	291,0	291,7
36,00	288,7	289,4	290,2	290,9	291,6	292,3	293,0	293,8
25	290,7	291,4	292,2	292,9	293,6	294,3	295,1	295,8
50	292,7	293,5	294,2	294,9	295,6	296,4	297,1	297,8
75	294,7	295,5	296,2	296,9	297,7	298,4	299,1	299,9
37,00	296,7	297,5	298,2	299,0	299,7	300,4	301,2	301,9
25	298,7	299,5	300,2	301,0	301,7	302,5	303,2	304,0
50	300,7	301,5	302,2	303,0	303,7	304,5	305,2	306,0
75	302,7	303,5	304,3	305,0	305,8	306,5	307,3	308,0
38,00	304,8	305,5	306,3	307,0	307,8	308,6	309,3	310,1
25	306,8	307,5	308,3	309,1	309,8	310,6	311,4	312,1
50	308,8	309,5	310,3	311,1	311,8	312,6	313,4	314,2
75	310,8	311,5	312,3	313,1	313,9	314,6	315,4	316,2
39,00	312,8	313,6	314,3	315,1	315,9	316,7	317,5	318,2
25	314,8	315,6	316,3	317,1	317,9	318,7	319,5	320,3
50	316,8	317,6	318,4	319,2	319,9	320,7	321,5	322,3
75	318,8	319,6	320,4	321,2	322,0	322,8	323,6	324,4
40,00	320,8	321,6	322,4	323,2	324,0	324,8	325,6	326,4

Neun-Marken-Mehl

notirt pro 159 Kilogramm in Francs,
umgerechnet pro 100 Kilogramm in Mark.

Francs.	Paris notirt in Berlin à vista							
	80,20	**80**,40	**80**,60	**80**,80	**81**,00	**81**,20	**81**,40	**81**,60
45	22,70	22,75	22,81	22,87	22,92	22,98	23,04	23,09
½	95	23,01	23,06	23,12	23,18	23,24	29	35
46	23,20	26	32	38	43	49	55	61
½	45	51	57	63	69	75	81	86
47	71	77	83	88	94	24,00	24,06	24,12
½	96	24,02	24,08	24,14	24,20	26	32	38
48	24,21	27	33	39	45	51	57	63
½	46	52	59	65	71	77	83	89
49	72	78	84	90	96	25,02	25,09	25,15
½	97	25,03	25,09	25,15	25,22	28	34	40
50	25,22	28	35	41	47	53	60	66
½	47	54	60	66	73	79	85	92
51	72	79	85	92	98	26,04	26,11	26,17
½	98	26,04	26,11	26,17	26,24	30	37	43
52	26,23	29	36	43	49	56	62	69
½	48	55	61	68	75	81	88	94
53	73	80	87	93	27,00	27,07	27,13	27,20
½	99	27,05	27,12	27,19	25	32	39	46
54	27,24	31	37	44	51	58	65	71
½	49	56	63	70	76	83	90	97
55	74	81	88	95	28,02	28,09	28,16	28,23
½	99	28,06	28,13	28,20	27	34	41	48
56	28,25	32	39	46	53	60	67	74
½	50	57	64	71	78	85	93	29,00
57	75	82	89	97	29,04	29,11	29,18	25
½	29,00	29,08	29,15	29,22	29	36	44	51
58	26	33	40	47	55	62	69	77
½	51	58	65	73	80	88	95	30,02
59	76	83	91	98	30,06	30,13	30,20	28
½	30,01	30,09	30,16	30,24	31	39	46	54
60	26	34	42	49	57	64	72	79
½	52	59	67	74	82	90	97	31,05
61	77	85	92	31,00	31,08	31,15	31,23	31
½	31,02	31,10	31,18	25	33	41	48	56
62	27	35	43	51	58	66	74	82
½	53	60	68	76	84	92	32,00	32,08
63	78	86	94	32,02	32,09	32,17	25	33
½	32,03	32,11	32,19	27	35	43	51	59
64	28	36	44	52	60	68	76	85
½	53	62	70	78	86	94	33,02	33,10
65	79	87	95	33,03	33,11	33,19	28	36
½	33,04	33,12	33,20	29	37	45	53	62
66	29	37	46	54	62	71	79	87
½	54	63	71	79	88	96	34,04	34,13
67	79	88	96	34,05	34,13	34,22	30	38
½	34,05	34,13	34,22	30	39	47	56	64
68	30	38	47	56	64	73	81	90
½	55	64	72	81	90	98	35,07	35,15
69	80	89	98	35,06	35,15	35,24	32	41
½	35,06	35,14	35,23	32	41	49	58	67
70	31	40	48	57	66	75	84	92

Gerste

notirt pro 1950 Kilogramm in Gulden holl., umgerechnet pro 1000 Kilogramm in Mark.

Gulden holländ.	Amsterdam notirt in Berlin à vista							
	168,00	168,40	168,80	169,20	169,60	170,00	170,40	170,80
100	86,1	86,4	86,6	86,8	87,0	87,2	87,4	87,6
103	88,7	88,9	89,2	89,4	89,6	89,8	90,0	90,2
106	91,3	91,5	91,7	92,0	92,2	92,4	92,6	92,8
109	93,9	94,1	94,3	94,6	94,8	95,0	95,2	95,5
112	96,5	96,7	96,9	97,2	97,4	97,6	97,9	98,1
115	99,1	99,3	99,5	99,8	100,0	100,2	100,5	100,7
118	101,7	101,9	102,1	102,4	102,6	102,9	103,1	103,3
121	104,2	104,5	104,7	105,0	105,2	105,5	105,7	106,0
124	106,8	107,1	107,3	107,6	107,8	108,1	108,3	108,6
127	109,4	109,7	109,9	110,2	110,4	110,7	111,0	111,2
130	112,0	112,3	112,5	112,8	113,1	113,3	113,6	113,9
133	114,6	114,8	115,1	115,4	115,7	115,9	116,2	116,5
136	117,2	117,4	117,7	118,0	118,3	118,6	118,8	119,1
139	119,7	120,0	120,3	120,6	120,9	121,2	121,5	121,7
142	122,3	122,6	122,9	123,2	123,5	123,8	124,1	124,4
145	124,9	125,2	125,5	125,8	126,1	126,4	126,7	127,0
148	127,5	127,8	128,1	128,4	128,7	129,0	129,3	129,6
151	130,1	130,4	130,7	131,0	131,3	131,6	131,9	132,3
154	132,7	133,0	133,3	133,6	133,9	134,2	134,6	134,9
157	135,3	135,6	135,9	136,2	136,5	136,9	137,2	137,5
160	137,8	138,2	138,5	138,8	139,1	139,5	139,8	140,1
163	140,4	140,8	141,1	141,4	141,8	142,1	142,4	142,8
166	143,0	143,3	143,7	144,0	144,4	144,7	145,0	145,4
169	145,6	145,9	146,3	146,6	147,0	147,3	147,7	148,0
172	148,2	148,5	148,9	149,2	149,6	149,9	150,3	150,6
175	150,8	151,1	151,5	151,8	152,2	152,6	152,9	153,3
178	153,3	153,7	154,1	154,4	154,8	155,2	155,5	155,9
181	155,9	156,3	156,7	157,0	157,4	157,8	158,2	158,5
184	158,5	158,9	159,3	159,6	160,0	160,4	160,8	161,2
187	161,1	161,5	161,9	162,2	162,6	163,0	163,4	163,8
190	163,7	164,1	164,5	164,9	165,2	165,6	166,0	166,4
193	166,3	166,7	167,1	167,5	167,8	168,2	168,6	169,0
196	168,8	169,3	169,7	170,1	170,5	170,9	171,3	171,7
199	171,4	171,8	172,2	172,7	173,1	173,5	173,9	174,3
202	174,0	174,4	174,8	175,3	175,7	176,1	176,5	176,9
205	176,6	177,0	177,4	177,9	178,3	178,7	179,1	179,5
208	179,2	179,6	180,0	180,5	180,9	181,3	181,7	182,2
211	181,8	182,2	182,6	183,1	183,5	183,9	184,4	184,8
214	184,4	184,8	185,2	185,7	186,1	186,6	187,0	187,4
217	186,9	187,4	187,8	188,3	188,7	189,2	189,6	190,1
220	189,5	190,0	190,4	190,9	191,3	191,8	192,2	192,7
223	192,1	192,6	193,0	193,5	193,9	194,4	194,9	195,3
226	194,7	195,2	195,6	196,1	196,5	197,0	197,5	198,0
229	197,3	197,8	198,2	198,7	199,2	199,6	200,1	200,6
232	199,9	200,3	200,8	201,3	201,8	202,2	202,7	203,2
235	202,4	202,9	203,4	203,9	204,4	204,9	205,3	205,8
238	205,0	205,5	206,0	206,5	207,0	207,5	208,0	208,5
241	207,6	208,1	208,6	209,1	209,6	210,1	210,6	211,1
244	210,2	210,7	211,2	211,7	212,2	212,7	213,2	213,7
247	212,8	213,3	213,8	214,3	214,8	215,3	215,8	216,3
250	215,4	215,9	216,4	216,9	217,4	217,9	218,4	219,0
Differenz 1	0,9	0,9	0,9	0,9	0,9	0,9	0,9	0,9
2	1,7	1,7	1,7	1,7	1,7	1,7	1,8	1,8

Roggen

notirt pro 2100 Kilogramm in Gulden holländ., umgerechnet pro 1000 Kilogramm in Mark.

Gulden holländ.	Amsterdam notirt in Berlin à vista							
	168,00	168,40	168,80	169,20	169,60	170,00	170,40	170,80
102	81,6	81,8	82,0	82,2	82,4	82,6	82,8	83,0
104	83,2	83,4	83,6	83,8	84,0	84,2	84,4	84,6
106	84,8	85,0	85,2	85,4	85,6	85,8	86,0	86,2
108	86,4	86,6	86,8	87,0	87,2	87,4	87,6	87,8
110	88,0	88,2	88,4	88,6	88,8	89,0	89,3	89,5
112	89,6	89,8	90,0	90,2	90,5	90,7	90,9	91,1
114	91,2	91,4	91,6	91,9	92,1	92,3	92,5	92,7
116	92,8	93,0	93,2	93,5	93,7	93,9	94,1	94,4
118	94,4	94,6	94,9	95,1	95,3	95,5	95,7	96,0
120	96,0	96,2	96,5	96,7	96,9	97,1	97,4	97,6
122	97,6	97,8	98,1	98,3	98,5	98,8	99,0	99,2
124	99,2	99,4	99,7	99,9	100,2	100,4	100,6	100,9
126	100,8	101,0	101,3	101,5	101,8	102,0	102,2	102,5
128	102,4	102,6	102,9	103,1	103,4	103,6	103,9	104,1
130	104,0	104,2	104,5	104,7	105,0	105,2	105,5	105,7
132	105,6	105,8	106,1	106,4	106,6	106,9	107,1	107,4
134	107,2	107,5	107,7	108,0	108,2	108,5	108,7	109,0
136	108,8	109,1	109,3	109,6	109,8	110,1	110,4	110,6
138	110,4	110,7	110,9	111,2	111,4	111,7	112,0	112,2
140	112,0	112,3	112,5	112,8	113,1	113,3	113,6	113,8
142	113,6	113,9	114,1	114,4	114,7	114,9	115,2	115,5
144	115,2	115,5	115,7	116,0	116,3	116,6	116,9	117,1
146	116,8	117,1	117,4	117,6	117,9	118,2	118,5	118,7
148	118,4	118,7	119,0	119,2	119,5	119,8	120,1	120,4
150	120,0	120,3	120,6	120,9	121,1	121,4	121,7	122,0
152	121,6	121,9	122,2	122,5	122,8	123,0	123,3	123,6
154	123,2	123,5	123,8	124,1	124,4	124,7	125,0	125,3
156	124,8	125,1	125,4	125,7	126,0	126,3	126,6	126,9
158	126,4	126,7	127,0	127,3	127,6	127,9	128,2	128,5
160	128,0	128,3	128,6	128,9	129,2	129,5	129,8	130,1
162	129,6	129,9	130,2	130,5	130,8	131,1	131,5	131,8
164	131,2	131,5	131,8	132,1	132,4	132,8	133,1	133,4
166	132,8	133,1	133,4	133,7	134,1	134,4	134,7	135,0
168	134,4	134,7	135,0	135,4	135,7	136,0	136,3	136,6
170	136,0	136,3	136,6	137,0	137,3	137,6	137,9	138,3
172	137,6	137,9	138,3	138,6	138,9	139,2	139,6	139,9
174	139,2	139,5	139,9	140,2	140,5	140,9	141,2	141,5
176	140,8	141,1	141,5	141,8	142,1	142,5	142,8	143,1
178	142,4	142,7	143,1	143,4	143,8	144,1	144,4	144,8
180	144,0	144,3	144,7	145,0	145,4	145,7	146,1	146,4
182	145,6	145,9	146,3	146,6	147,0	147,3	147,7	148,0
184	147,2	147,5	147,9	148,3	148,6	149,0	149,3	149,7
186	148,8	149,2	149,5	149,9	150,2	150,6	150,9	151,3
188	150,4	150,8	151,1	151,5	151,8	152,2	152,5	152,9
190	152,0	152,4	152,7	153,1	153,4	153,8	154,2	154,5
192	153,6	154,0	154,3	154,7	155,1	155,4	155,8	156,2
194	155,2	155,6	155,9	156,3	156,7	157,0	157,4	157,8
196	156,8	157,2	157,5	157,9	158,3	158,7	159,0	159,4
198	158,4	158,8	159,2	159,5	159,9	160,3	160,7	161,0
200	160,0	160,4	160,8	161,1	161,5	161,9	162,3	162,7
1	0,8	0,8	0,8	0,8	0,8	0,8	0,8	0,8

Roggen

notirt pro 2100 Kilogramm in Gulden holländ., umgerechnet pro 1000 Kilogramm in Mark.

Gulden holländ.	Amsterdam notirt in Berlin à vista							
	168,00	**168,40**	**168,80**	**169,20**	**169,60**	**170,00**	**170,40**	**170,80**
202	161,6	162,0	162,4	162,8	163,1	163,5	163,9	164,3
204	163,2	163,6	164,0	164,4	164,8	165,1	165,5	165,9
206	164,8	165,2	165,6	166,0	166,4	166,8	167,2	167,5
208	166,4	166,8	167,2	167,6	168,0	168,4	168,8	169,2
210	168,0	168,4	168,8	169,2	169,6	170,0	170,4	170,8
212	169,6	170,0	170,4	170,8	171,2	171,6	172,0	172,4
214	171,2	171,6	172,0	172,4	172,8	173,2	173,6	174,0
216	172,8	173,2	173,6	174,0	174,4	174,9	175,3	175,7
218	174,4	174,8	175,2	175,6	176,1	176,5	176,9	177,3
220	176,0	176,4	176,8	177,3	177,7	178,1	178,5	178,9
222	177,6	178,0	178,4	178,9	179,3	179,7	180,1	180,6
224	179,2	179,6	179,1	180,5	180,9	181,3	181,8	182,2
226	180,8	181,2	181,7	182,1	182,5	183,0	183,4	183,8
228	182,4	182,8	182,3	183,7	184,1	184,6	185,0	185,4
230	184,0	184,4	184,9	185,3	185,8	186,2	186,6	187,1
232	185,6	186,0	186,5	186,9	187,4	187,8	188,3	188,7
234	187,2	187,6	188,1	188,5	189,0	189,4	189,9	190,3
236	188,8	189,2	189,7	190,1	190,6	191,0	191,5	192,0
238	190,4	190,9	191,3	191,8	192,2	192,7	193,1	193,6
240	192,0	192,5	192,9	193,4	193,8	194,3	194,7	195,2
242	193,6	194,1	194,5	195,0	195,4	195,9	196,4	196,8
244	195,2	195,7	196,1	196,6	197,1	197,5	197,0	198,5
246	196,8	197,3	197,7	198,2	198,7	199,1	199,6	200,1
248	198,4	198,9	199,3	199,8	200,3	200,8	201,2	201,7
250	200,0	200,5	201,0	201,4	201,9	202,4	202,9	203,3
252	201,6	202,1	202,6	203,0	203,5	204,0	204,5	205,0
254	203,2	203,7	204,2	204,7	205,1	205,6	206,1	206,6
256	204,8	205,3	205,8	206,3	206,7	207,2	207,7	208,2
258	206,4	206,9	207,4	207,9	208,4	208,9	209,3	209,8
260	208,0	208,5	209,0	209,5	210,0	210,5	211,0	211,5
262	209,6	210,1	210,6	211,1	211,6	212,1	212,6	213,1
264	211,2	211,7	212,2	212,7	213,2	213,7	214,2	214,7
266	212,8	213,3	213,8	214,3	214,8	215,3	215,8	216,4
268	214,4	214,9	215,4	215,9	216,4	216,9	217,5	218,0
270	216,0	216,5	217,0	217,5	218,1	218,6	219,1	219,6
272	217,6	218,1	218,6	219,1	219,7	220,2	220,7	221,2
274	219,2	219,7	220,2	220,8	221,3	221,8	222,3	222,9
276	220,8	221,3	221,9	222,4	222,9	223,4	224,0	224,5
278	222,4	222,9	223,5	224,0	224,5	225,0	225,6	226,1
280	224,0	224,5	225,1	225,6	226,1	226,7	227,2	227,8
282	225,6	226,1	226,7	227,2	227,7	228,3	228,8	229,4
284	227,2	227,7	228,3	228,8	229,4	230,9	230,5	231,0
286	228,8	229,3	229,9	230,4	231,0	231,5	232,1	232,6
288	230,4	230,9	231,5	232,0	232,6	233,1	233,7	234,2
290	232,0	232,6	233,1	233,7	234,2	234,8	235,3	235,9
292	233,6	234,2	234,7	235,3	235,8	236,4	236,9	237,5
294	235,2	235,8	236,3	236,9	237,4	238,0	238,6	239,1
296	236,8	237,4	237,9	238,5	239,1	239,6	240,2	240,8
298	238,4	239,0	239,5	240,1	240,7	241,2	241,8	242,4
300	240,0	240,6	241,1	241,7	242,3	242,9	243,4	244,0
1	0,8	0,8	0,8	0,8	0,8	0,8	0,8	0,8

Weizen

notirt pro 2400 Kilogramm in Gulden holländ.,
umgerechnet pro 1000 Kilogramm in Mark.

Gulden holländ.	Amsterdam notirt in Berlin à vista							
	168,00	**168,40**	**168,80**	**169,20**	**169,60**	**170,00**	**170,40**	**170,80**
180	126,0	126,3	126,6	126,9	127,2	127,5	127,8	128,1
182	127,4	127,7	128,0	128,3	128,6	128,9	129,2	129,5
184	128,8	129,1	129,4	129,7	130,0	130,3	130,6	130,9
186	130,2	130,5	130,8	131,1	131,4	131,7	132,1	132,4
188	131,6	131,9	132,2	132,5	132,8	133,2	133,5	133,8
190	133,0	133,3	133,6	133,9	134,3	134,6	134,9	135,2
192	134,4	134,7	135,0	135,4	135,7	136,0	136,3	136,6
194	135,8	136,1	136,4	136,8	137,1	137,4	137,7	138,1
196	137,2	137,5	137,8	138,2	138,5	138,8	139,2	139,5
198	138,6	138,9	139,3	139,6	139,9	140,2	140,6	140,9
200	140,0	140,3	140,7	141,0	141,3	141,7	142,0	142,3
202	141,4	141,7	142,1	142,4	142,7	143,1	143,4	143,8
204	142,8	143,1	143,5	143,8	144,2	144,5	144,8	145,2
206	144,2	144,5	144,9	145,2	145,6	145,9	146,3	146,6
208	145,6	145,9	146,3	146,6	147,0	147,3	147,7	148,0
210	147,0	147,3	147,7	148,0	148,4	148,7	149,1	149,4
212	148,4	148,7	149,1	149,5	149,8	150,2	150,5	150,9
214	149,8	150,2	150,5	150,9	151,2	151,6	151,9	152,3
216	151,2	151,6	151,9	152,3	152,6	153,0	153,4	153,7
218	152,6	153,0	153,3	153,7	154,0	154,4	154,8	155,1
220	154,0	154,4	154,7	155,1	155,5	155,8	156,2	156,6
222	155,4	155,8	156,1	156,5	156,9	157,2	157,6	158,0
224	156,8	157,2	157,5	157,9	158,3	158,7	159,0	159,4
226	158,2	158,6	158,9	159,3	159,7	160,1	160,5	160,8
228	159,6	160,0	160,4	160,7	161,1	161,5	161,9	162,3
230	161,0	161,4	161,8	162,1	162,5	162,9	163,3	163,7
232	162,4	162,8	163,2	163,6	163,9	164,3	164,7	165,1
234	163,8	164,2	164,6	165,0	165,4	165,7	166,1	166,5
236	165,2	165,6	166,0	166,4	166,8	167,2	167,6	167,9
238	166,6	167,0	167,4	167,8	168,3	168,6	169,0	169,4
240	168,0	168,4	168,8	169,2	169,6	170,0	170,4	170,8
242	169,4	169,8	170,2	170,6	171,0	171,4	171,8	172,2
244	170,8	171,2	171,6	172,0	172,4	172,8	173,2	173,6
246	172,2	172,6	173,0	173,4	173,8	174,2	174,7	175,1
248	173,6	174,0	174,4	174,8	175,2	175,7	176,1	176,5
250	175,0	175,4	175,8	176,2	176,7	177,1	177,5	177,9
252	176,4	176,8	177,2	177,7	178,1	178,5	178,9	179,3
254	177,8	178,2	178,6	179,1	179,6	179,9	180,3	180,8
256	179,2	179,6	180,0	180,5	180,9	181,3	181,8	182,2
258	180,6	181,0	181,5	181,9	182,3	182,7	183,2	183,6
260	182,0	182,4	182,9	183,3	183,7	184,2	184,6	185,0
262	183,4	183,8	184,3	184,7	185,1	185,6	186,0	186,5
264	184,8	185,2	185,7	186,1	186,6	187,0	187,4	187,9
266	186,2	186,6	187,1	187,5	188,0	188,4	188,9	189,3
268	187,6	188,0	188,5	188,9	189,4	189,8	190,3	190,7
270	189,0	189,4	189,9	190,3	190,8	191,2	191,7	192,1
272	190,4	190,8	191,3	191,7	192,2	192,7	193,1	193,6
274	191,8	192,3	192,7	193,2	193,6	194,1	194,5	195,0
276	193,2	193,7	194,1	194,6	195,0	195,5	196,0	196,4
278	194,6	195,1	195,5	196,0	196,4	196,9	197,4	197,8
280	196,0	196,5	196,9	197,4	197,9	198,3	198,8	199,3
1	0,7	0,7	0,7	0,7	0,7	0,7	0,7	0,7

Weizen

notirt pro 2400 Kilogramm in Gulden holländisch, umgerechnet pro 1000 Kilogramm in Mark.

Gulden holländ.	Amsterdam notirt in Berlin à vista							
	168,00	**168,40**	**168,80**	**169,20**	**169,60**	**170,00**	**170,40**	**170,80**
282	197,4	197,9	198,3	198,8	199,3	199,7	200,2	200,7
284	198,8	199,3	199,7	200,2	200,7	201,2	201,6	202,1
286	200,2	200,7	201,2	201,6	202,1	202,6	203,1	203,5
288	201,6	202,1	202,6	203,0	203,5	204,0	204,5	205,0
290	203,0	203,5	204,0	204,4	204,9	205,4	205,9	206,4
292	204,4	204,9	205,4	205,9	206,3	206,8	207,3	207,8
294	205,8	206,3	206,8	207,3	207,7	208,2	208,7	209,2
296	207,2	207,7	208,2	208,7	209,2	209,7	210,2	210,7
298	208,6	209,1	209,6	210,1	210,6	211,1	211,6	212,1
300	210,0	210,5	211,0	211,5	212,0	212,5	213,0	213,5
302	211,4	211,9	212,4	212,9	213,4	213,9	214,4	214,9
304	212,8	213,3	213,8	214,3	214,8	215,3	215,8	216,3
306	214,2	214,7	215,2	215,7	216,2	216,7	217,3	217,8
308	215,6	216,1	216,6	217,1	217,7	218,2	218,7	219,2
310	217,0	217,5	218,0	218,5	219,1	219,6	220,1	220,6
312	218,4	218,9	219,4	220,0	220,5	221,0	221,5	222,0
314	219,8	220,3	220,8	221,4	221,9	222,4	222,9	223,5
316	221,2	221,7	222,3	222,8	223,3	223,8	224,4	224,9
318	222,6	223,1	223,7	224,2	224,7	225,2	225,8	226,3
320	224,0	224,5	225,1	225,6	226,1	226,7	227,2	227,7
322	225,4	225,9	226,5	227,0	227,5	228,1	228,6	229,2
324	226,8	227,3	227,9	228,4	229,0	229,5	230,0	230,6
326	228,2	228,7	229,3	229,8	230,4	230,9	231,5	232,0
328	229,6	230,1	230,7	231,2	231,8	232,3	232,9	233,4
330	231,0	231,5	232,1	232,6	233,2	233,7	234,3	234,8
332	232,4	232,9	233,5	234,1	234,6	235,2	235,7	236,3
334	233,8	234,4	234,9	235,5	236,0	236,6	237,1	237,7
336	235,2	235,8	236,3	236,9	237,4	238,0	238,6	239,1
338	236,6	237,2	237,7	238,3	238,9	239,4	240,0	240,5
340	238,0	238,6	239,1	239,7	240,3	240,8	241,4	242,0
342	239,4	240,0	240,5	241,1	241,7	242,2	242,8	243,4
344	240,8	241,4	241,9	242,5	243,1	243,7	244,2	244,8
346	242,2	242,8	243,4	243,9	244,5	245,1	245,7	246,2
348	243,6	244,2	244,8	245,3	245,9	246,5	247,1	247,7
350	245,0	245,6	246,2	246,7	247,3	247,9	248,5	249,1
352	246,4	247,0	247,6	248,2	248,7	249,3	249,9	250,5
354	247,8	248,4	249,0	249,6	250,2	250,7	251,3	251,9
356	249,2	249,8	250,4	251,0	251,6	252,2	252,8	253,4
358	250,6	251,2	251,8	252,4	253,0	253,6	254,2	254,8
360	252,0	252,6	253,2	253,8	254,4	255,0	255,6	256,2
362	253,4	254,0	254,6	255,2	255,8	256,4	257,0	257,6
364	254,8	255,4	256,0	256,6	257,2	257,8	258,4	259,0
366	256,2	256,8	257,4	258,0	258,6	259,2	259,9	260,5
368	257,6	258,2	258,8	259,4	260,1	260,7	261,3	261,9
370	259,0	259,6	260,2	260,8	261,5	262,1	262,7	263,3
372	260,4	261,0	261,6	262,3	262,9	263,5	264,1	264,7
374	261,8	262,4	263,0	263,7	264,3	264,9	265,5	266,2
376	263,2	263,8	264,5	265,1	265,7	266,3	267,0	267,6
378	264,6	265,2	265,9	266,5	267,1	267,7	268,4	269,0
380	266,0	266,6	267,3	267,9	268,5	269,2	269,8	270,4
1	0,7	0,7	0,7	0,7	0,7	0,7	0,7	0,7

Frachten-Tabelle für den englischen Normaltarif in Shillings und Pence.

Weizen								Gerste, mit 5% Zuschlag						Hafer, mit 22½% Zuschlag					
pro 500 Pfd.		pro 504 Pfd.		pro 496 Pfd.		pro 480 Pfd.		pro 448 Pfd.		pro 432 Pfd.		pro 416 Pfd.		pro 336 Pfd.		pro 320 Pfd.		pro 300 Pfd.	
—	3	—	3,02	—	2,98	—	2,88	—	2,82	—	2,72	—	2,62	—	2,47	—	2,35	—	2,20
—	6	—	6,05	—	5,95	—	5,76	—	5,64	—	5,44	—	5,24	—	4,94	—	4,70	—	4,41
—	9	—	9,07	—	8,93	—	8,64	—	8,46	—	8,16	—	7,86	—	7,41	—	7,06	—	6,61
1	—	1	0,10	—	11,90	—	11,52	—	11,29	—	10,89	—	10,48	—	9,88	—	9,41	—	8,82
1	3	1	3,12	1	2,88	1	2,40	1	2,11	1	1,61	1	1,10	1	0,35	—	11,76	—	11,02
1	6	1	6,14	1	5,86	1	5,28	1	4,93	1	4,33	1	3,72	1	2,82	1	2,11	1	1,23
1	9	1	9,17	1	8,83	1	8,16	1	7,75	1	7,05	1	6,35	1	5,29	1	4,46	1	3,43
2	—	2	0,19	1	11,81	1	11,04	1	10,57	1	9,77	1	8,97	1	7,75	1	6,82	1	5,64
2	3	2	3,22	2	2,78	2	1,92	2	1,39	2	0,49	1	11,59	1	10,22	1	9,17	1	7,85
2	6	2	6,24	2	5,76	2	4,80	2	4,22	2	3,21	2	2,21	2	0,69	1	11,52	1	10,05
2	9	2	9,26	2	8,74	2	7,68	2	7,04	2	5,93	2	4,83	2	3,16	2	1,87	2	0,26
3	—	3	0,29	2	11,71	2	10,56	2	9,87	2	8,66	2	7,45	2	5,63	2	4,22	2	2,46
3	3	3	3,31	3	2,69	3	1,44	3	0,69	2	11,38	2	10,07	2	8,10	2	6,58	2	4,67
3	6	3	6,34	3	5,66	3	4,32	3	3,51	3	2,10	3	0,69	2	10,57	2	8,93	2	6,87
3	9	3	9,36	3	8,64	3	7,20	3	6,34	3	4,82	3	3,31	3	1,04	2	11,28	2	9,08
4	—	4	0,38	3	11,62	3	10,08	3	9,16	3	7,55	3	5,93	3	3,51	3	1,63	2	11,28
4	3	4	3,41	4	2,59	4	0,96	3	11,98	3	10,27	3	8,55	3	5,98	3	3,98	3	1,49
4	6	4	6,43	4	5,57	4	3,84	4	2,80	4	0,99	3	11,17	3	8,45	3	6,34	3	3,69
4	9	4	9,45	4	8,55	4	6,72	4	5,63	4	3,71	4	1,80	3	10,92	3	8,69	3	5,90
5	—	5	0,48	4	11,52	4	9,60	4	8,45	4	6,43	4	4,42	4	1,39	3	11,04	3	8,10
5	3	5	3,50	5	2,50	5	0,48	4	11,27	4	9,15	4	7,04	4	3,86	4	1,39	3	10,31
5	6	5	6,53	5	5,47	5	3,36	5	2,10	4	11,87	4	9,66	4	6,33	4	3,74	4	0,51
5	9	5	9,55	5	8,45	5	6,24	5	4,92	5	2,59	5	0,28	4	8,80	4	6,09	4	2,72
6	—	6	0,58	5	11,42	5	9,12	5	7,74	5	5,32	5	2,90	4	11,27	4	8,45	4	4,92

Frachten-Paritäts-Tabelle zur Umrechnung der „London Baltic printed Rates".

Pro Tonne Talg in Shill.	Weizen	Roggen	Oelsaat	Gerste	Hafer	Weizen pr. 2240 ℔ engl. i. Shill. u. Pence	Weizen pro Charge in Frcs. + 5 %	Weizen pr. 100 Kilogr. in Gulden ö. Gold
	pro Imperial-Quarter in Shillings und Pence.							
16	2„ 5,69	2„ 3,46	2„ 2,72	2„ 1,24	1„ 11,01	11„ 6,56	1,637	0,574
18	9,40	6,90	6,06	4,39	2„ 1,89	12„ 11,88	,842	646
20	3„ 1,11	10,33	9,40	7,55	4,70	14„ 5,20	2,045	717
22	4,82	3„ 1,76	3„ 0,74	10,70	7,64	15„ 10,52	251	789
24	8,53	5,20	4,08	3„ 1,86	10,52	17„ 3,84	455	861
26	4„ 0,25	8,63	7,42	5,01	3„ 1,39	18„ 9,15	660	932
28	13,96	4„ 0 06	10,76	8,16	4,27	20„ 2,47	865	1,004
30	7,67	3,49	4„ 2,10	11,32	7,14	21„ 7,79	3,069	076
32	1,38	6,93	5,44	4„ 2,47	10,02	23„ 1,11	274	148
34	5„ 3,09	10,36	8,78	5,63	4„ 0,90	24„ 6,43	479	219
36	16,80	5„ 1,79	5„ 0,12	8,78	3,77	25„ 11,75	683	291
38	0,52	5,23	3,46	11,94	6,56	27„ 5,07	888	363
40	6„ 2,23	8,66	6,80	5„ 3,09	9,53	28„ 10,39	4,092	434
42	5,94	6„ 0,09	10,14	6,25	5„ 0,40	30„ 3,71	297	506
44	9,65	3,53	6„ 1,48	9,40	3,28	31„ 9,03	502	578
46	7„ 1,36	6,96	4,82	6„ 0,56	6,15	32„ 2,35	706	650
48	5,07	10,39	8,16	3,71	9,03	34„ 7,67	911	721
50	8,78	7„ 1,82	11,51	6,87	11,91	36„ 0,99	5,116	793
52	8„ 0,49	5,26	7„ 2,85	10,02	6„ 2,78	37„ 6,31	320	865
54	14,21	8,69	6,19	7„ 1,18	5,66	38„ 11,63	525	936
56	7,92	8„ 0,12	9,53	4,33	8,54	40„ 4,95	729	2,008
58	1,63	3,56	8„ 0,87	7,48	11,41	41„ 10,27	934	080
60	9„ 3,34	6,99	8„ 4,21	10,64	7„ 2,29	43„ 3,59	6,139	152
62	7,05	10,42	7,55	8„ 1,79	5,16	44„ 8,91	343	224
Differenz 1	—„ 1,86	—„ 1,72	—„ 1,67	—„ 1,58	—„ 1,44	—„ 8,76	0,102	0,036

Frachten-Paritäts-Tabelle

zur Vergleichung der
verschiedenen Schiffs- und Eisenbahn-Raten.

(1 £ = 4,80 Dollars = 20,50 Mark = 25,25 Francs = 12 Gulden holl.)

Pro 60 Pfd. engl. in Cents am.	Pro 100 Pfd. engl in Cents am.	Pro 480 Pfd. engl. in Sh. u. P.	Pro 2240 Pfd engl in Sh. u. P.	Pro TonneTalg in Sh u. P.	Pro 1000 Kilogr. in Francs	Pro 100 Kilogr. in Mark
1	1$^2/_3$	0„ 4	1„ 6$^2/_3$	2„ 1$^7/_8$	1,933	0,157
2	3$^1/_3$	8	3„ 1$^1/_3$	4„ 3$^3/_4$	3,866	0,314
3	5	1„—	4„ 8	6„ 5$^5/_8$	5,799	0,471
4	6$^2/_3$	4	6„ 2$^2/_3$	8„ 7$^1/_2$	7,731	0,628
5	8$^1/_3$	8	7„ 9$^1/_3$	10„ 9$^3/_8$	9,664	0,785
6	10	2„—	9„ 4	12„ 1$^1/_4$	11,597	0,942
7	11$^2/_3$	4	10„10$^2/_3$	15„ 1—	13,530	1,098
8	13$^1/_3$	8	12„ 5$^1/_3$	17„ 2$^7/_8$	15,463	1,256
9	15	3„—	14„ —	19„ 4$^3/_4$	17,396	1,412
10	16$^2/_3$	4	15„ 6$^2/_3$	21„ 6$^5/_8$	19,328	1,569
11	18$^1/_3$	8	17„ 1$^1/_3$	23„ 8$^1/_2$	21,261	1,726
12	20	4„—	18„ 8	25„10$^3/_8$	23,194	1,883
13	21$^2/_3$	4	20„ 2$^2/_3$	28„ 0$^1/_4$	25,127	2,040
14	23$^1/_3$	8	21„ 9$^1/_3$	30„ 2$^1/_8$	27,060	2,197
15	25	5„—	23„ 4	32„ 4	28,993	2,354
16	26$^2/_3$	4	24„10$^2/_3$	34„ 5$^7/_8$	30,925	2,511
17	28$^1/_3$	8	26„ 5$^1/_3$	36„ 7$^3/_4$	32,858	2,668
18	30	6„—	28„ —	38„ 9$^5/_8$	34,791	2,825
19	31$^2/_3$	4	29„ 6$^2/_3$	40„11$^1/_2$	36,724	2,982
20	33$^1/_3$	8	31„ 1$^1/_3$	43„ 1$^3/_8$	38,657	3,138
21	35	7„—	32„ 8	45„ 3$^1/_4$	40,590	3,295
22	36$^2/_3$	4	34„ 2$^2/_3$	47„ 5$^1/_8$	42,522	3,452
23	38$^1/_3$	8	35„ 9$^1/_3$	49„ 6$^7/_8$	44,455	3,609
24	40	8„—	37„ 4	51„ 8$^3/_4$	46,388	3,766
25	41$^2/_3$	4	38„10$^2/_3$	53„10$^5/_8$	48,321	3,923
26	43$^1/_3$	8	40„ 5$^1/_3$	56„ 0$^1/_2$	50,254	4,080
27	45	9„—	42„ —	58„ 2$^3/_8$	52,187	4,237
28	46$^2/_3$	4	43„ 6$^2/_3$	60„ 4$^1/_4$	54,120	4,394
29	48$^1/_3$	8	45„ 1$^1/_3$	62„ 6$^1/_8$	56,052	4,551
30	50	10„—	46„ 8	64„ 8—	57,925	4,708
31	51$^2/_3$	4	48„ 2$^2/_3$	66„ 9$^7/_8$	59,918	4,865
32	53$^1/_3$	8	49„ 9$^1/_3$	68„11$^3/_4$	61,851	5,021
33	55	11„—	51„ 4	71„ 1$^5/_8$	63,784	5,178
34	56$^2/_3$	4	52„10$^2/_3$	73„ 3$^1/_2$	65,717	5,335
35	58$^1/_3$	8	54„ 5$^1/_3$	75„ 5$^3/_8$	67,649	5,492
36	60	12„—	56„ —	77„ 7$^1/_4$	69,582	5,649
37	61$^2/_3$	4	57„ 6$^2/_3$	79„ 9$^1/_8$	71,515	5,806
38	63$^1/_3$	8	59„ 1$^1/_3$	81„11	73,448	5,963
39	65	13„—	60„ 8	84„ 0$^7/_8$	75,381	6,120
40	66$^2/_3$	4	62„ 2$^2/_3$	86„ 2$^5/_8$	77,314	6,277
41	68$^1/_3$	8	63„ 9$^1/_3$	88„ 4$^1/_2$	79,246	6,434
42	70	14„—	65„ 4	90„ 6$^3/_8$	81,179	6,591
43	71$^2/_3$	4	66„10$^2/_3$	92„ 8$^1/_4$	83,112	6,748
44	73$^1/_3$	8	68„ 5$^1/_3$	94„10$^1/_8$	85,045	6,905
45	75	15„—	70„ —	97„ —	86,978	7,062
46	76$^2/_3$	4	71„ 6$^2/_3$	99„ 1$^7/_8$	88,911	7,219
47	78$^1/_3$	8	73„ 1$^1/_3$	101„ 3$^3/_4$	90,843	7,375
48	80	16„—	74„ 8	103„ 5$^5/_8$	92,776	7,532
49	81$^2/_3$	4	76„ 2$^2/_3$	105„ 7$^1/_2$	94,709	7,689
50	83$^1/_3$	8	77„ 9$^1/_3$	107„ 9$^3/_8$	96,642	7,846

Batch number: 10844627

Printed by Printforce, the Netherlands